走进大学
DISCOVER UNIVERSITY

什么是
人工智能？

WHAT
IS
ARTIFICIAL INTELLIGENCE？

U0244445

江 贺　任志磊 编著

大连理工大学出版社
Dalian University of Technology Press

图书在版编目(CIP)数据

什么是人工智能？/ 江贺，任志磊编著. -- 大连：
大连理工大学出版社，2024.6(2025.1重印)
ISBN 978-7-5685-5020-8

Ⅰ. ①什… Ⅱ. ①江… ②任… Ⅲ. ①人工智能－普
及读物 Ⅳ. ①TP18-49

中国国家版本馆 CIP 数据核字(2024)第 112326 号

什么是人工智能？ SHENME SHI RENGONG ZHINENG?

出 版 人：苏克治
策划编辑：苏克治
责任编辑：王　伟
责任校对：周　欢
封面设计：奇景创意

出版发行：大连理工大学出版社
　　　　　（地址：大连市软件园路 80 号，邮编：116023）
电　　话：0411-84708842(发行)
　　　　　0411-84708943(邮购)　　0411-84701466(传真)
邮　　箱：dutp@dutp.cn
网　　址：https://www.dutp.cn

印　　刷：辽宁新华印务有限公司
幅面尺寸：139mm×210mm
印　　张：6
字　　数：99 千字
版　　次：2024 年 6 月第 1 版
印　　次：2025 年 1 月第 2 次印刷
书　　号：ISBN 978-7-5685-5020-8
定　　价：39.80 元

本书如有印装质量问题，请与我社发行部联系更换。

出版者序

高考,一年一季,如期而至,举国关注,牵动万家!这里面有莘莘学子的努力拼搏,万千父母的望子成龙,授业恩师的佳音静候。怎么报考,如何选择大学和专业,是非常重要的事。如愿,学爱结合;或者,带着疑惑,步入大学继续寻找答案。

大学由不同的学科聚合组成,并根据各个学科研究方向的差异,汇聚不同专业的学界英才,具有教书育人、科学研究、服务社会、文化传承等职能。当然,这项探索科学、挑战未知、启迪智慧的事业也期盼无数青年人的加入,吸引着社会各界的关注。

在我国，高中毕业生大都通过高考、双向选择，进入大学的不同专业学习，在校园里开阔眼界，增长知识，提升能力，升华境界。而如何更好地了解大学，认识专业，明晰人生选择，是一个很现实的问题。

为此，我们在社会各界的大力支持下，延请一批由院士领衔、在知名大学工作多年的老师，与我们共同策划、组织编写了"走进大学"丛书。这些老师以科学的角度、专业的眼光、深入浅出的语言，系统化、全景式地阐释和解读了不同学科的学术内涵、专业特点，以及将来的发展方向和社会需求。希望能够以此帮助准备进入大学的同学，让他们满怀信心地再次起航，踏上新的、更高一级的求学之路。同时也为一向关心大学学科建设、关心高教事业发展的读者朋友搭建一个全面涉猎、深入了解的平台。

我们把"走进大学"丛书推荐给大家。

一是即将走进大学，但在专业选择上尚存困惑的高中生朋友。如何选择大学和专业从来都是热门话题，市场上、网络上的各种论述和信息，有些碎片化，有些鸡汤式，难免流于片面，甚至带有功利色彩，真正专业的介绍尚不多见。本丛书的作者来自高校一线，他们给出的专业画像具有权威性，可以更好地为大家服务。

二是已经进入大学学习，但对专业尚未形成系统认知的同学。大学的学习是从基础课开始，逐步转入专业基础课和专业课的。在此过程中，同学对所学专业将逐步加深认识，也可能会伴有一些疑惑甚至苦恼。目前很多大学开设了相关专业的导论课，一般需要一个学期完成，再加上面临的学业规划，例如考研、转专业、辅修某个专业等，都需要对相关专业既有宏观了解又有微观检视。本丛书便于系统地识读专业，有助于针对性更强地规划学习目标。

三是关心大学学科建设、专业发展的读者。他们也许是大学生朋友的亲朋好友，也许是由于某种原因错过心仪大学或者喜爱专业的中老年人。本丛书文风简朴，语言通俗，必将是大家系统了解大学各专业的一个好的选择。

坚持正确的出版导向，多出好的作品，尊重、引导和帮助读者是出版者义不容辞的责任。大连理工大学出版社在做好相关出版服务的基础上，努力拉近高校学者与

读者间的距离,尤其在服务一流大学建设的征程中,我们深刻地认识到,大学出版社一定要组织优秀的作者队伍,用心打造培根铸魂、启智增慧的精品出版物,倾尽心力,服务青年学子,服务社会。

"走进大学"丛书是一次大胆的尝试,也是一个有意义的起点。我们将不断努力,砥砺前行,为美好的明天真挚地付出。希望得到读者朋友的理解和支持。

谢谢大家!

苏克治

2021 年春于大连

前　言

这是一个人工智能的大时代！我们的世界正在经历一场前所未有的技术革命，而人工智能无疑是其中的璀璨明星。从最初对万能助手的幻想到如今改变世界的力量，人工智能正在以前所未有的速度融入我们的生活，引领着人类社会的发展。本书将带领大家领略人工智能的奥秘与魅力，一同探索这个充满无限可能的领域。

翻开这本书，你将踏上一场关于人工智能的奇妙之旅。我们将从初识人工智能开始深入了解人工智能的定义，以及它是如何与人类的智慧相互交织碰撞的。我们将追溯历史，从古代的奇妙机械木牛流马到现代的智能机器人，一同见证人工智能的萌芽、诞生、发展和变革。

接下来，我们将一起领略人工智能在不同领域的神奇应用。从智能生活、医疗健康、智能制造到自动驾驶和太空探索，人工智能正以前所未有的方式改变着世界。你将看到服务机器人如何成为人们的生活助手，人工智能医生如何妙手回春，智慧矿山、"黑灯工厂"如何助力制造业的转型升级，自动驾驶如何提供安全便捷的驾驶体验，以及航天器、火星车如何应对太空探索中的各种挑战。

当然，我们也不会忘记探索人工智能的奥秘。我们将深入人工智能的核心领域，剖析大语言模型、知识工程、计算机视觉、自然语言处理和人机交互等领域的关键技术。这些技术不仅让人工智能具备了感知、理解和交流的能力，还让它成为人类的亲密伙伴。

我们还将关注人工智能人才的培养与职业规划，探讨人工智能专业的定位、课程设置、学习方法及未来职业发展的广阔前景。如果你怀揣着对人工智能的热爱，渴望在这个领域取得成就，这一部分是你一定不能错过的。

在结束这次神奇之旅时，我们将共同思考人类与人工智能的未来。在这个充满挑战与机遇的时代中，我们如何与人工智能和谐共生、共同发展？如何让人工智能拥有道德和社会责任感？

让我们一起携手前行，探索未知领域，创造更加美好的未来！

本书由大连理工大学江贺教授统稿，江贺、任志磊两位教授共同编著完成，马依帆、尚志豪、许威、李一韬、于士隆同学参与了材料整理与图表绘制。

当前人工智能技术日新月异，各种学术观点百花齐放，编著者虽怀敬畏之心勉力学习，仍恐书中可能存在谬误和不当之处，敬请读者批评指正。

编著者
2024 年 5 月

目　录

初识人工智能

人工智能是我们人类正在从事的最为深刻的研究方向之一，甚至要比火与电还更加深刻。

——桑达尔·皮查伊（Sundar Pichai）

人类自诞生起就在不断地发明和创造，从石器时代开始，我们就学会使用石器来满足基本生活需求，比如打猎和采集食物。进入农业时代后，人类开始种植和养殖，实现了食物的生产与储存。到了工业时代，机械化生产的发展极大地改变了生产方式和生活方式。现如今，智能时代到来，我们见证了自动驾驶、智慧医疗、智能家居等技术的迅猛发展，这些技术对我们的生活产生了深刻的影响和变革。下面将带领你进入人工智能（Artificial Intelligence，AI）的世界，探索其发展历程，并深入感受人工智能的魅力。

▶▶ 万能的人工智能助手

开始介绍前，我们先来看一个人工智能应用的例子：

我心如海水潮涌，

由衷信念引领航。

人生苦短何须忧，

工匠之心铸辉煌。

智慧之光照万方，

能力无边创未来。

生命奇迹在此成，

成就辉煌与荣光。

细心的读者会发现将这首诗每一句的头一个字连起来读，就是"我由人工智能生成"。没错，这首藏头诗是由ChatGPT生成的。ChatGPT是基于深度学习的大语言模型代表，具有强大的信息整合能力和对话能力。

那么这首藏头诗是怎么生成的呢？ChatGPT又是如何处理编者的要求的呢？其实，GPT系列模型中具有庞大的参数数量，仅2020年发布的GPT-3，其模型参数数量就有1 750亿个，这使其具有强大的计算能力和上下文理解能力。在本例中，当ChatGPT收到编者请求时，它会搜集大量的相关信息，并结合当前对话的上下文来理解编者的意图，从而基于编者提出的要求筛选词语并组合成一首朗朗上口的藏头诗。

藏头诗的智能生成，是人工智能在生活中应用的一个典型案例。现如今，人工智能在各行各业都得到了广泛应用，持续不断地影响着我们的生活。对我们来说，人工智能不仅仅是一个只会执行指令的冰冷工具，更是一个能够模拟人类的智慧，创造出无限可能的伙伴。

▶▶什么是人工智能？

初步感受人工智能的能力后，相信你已经对人工智能产生了极大的兴趣，那么什么是人工智能？半个多世纪以来，处于人工智能不同发展阶段的学者从不同的角度和层面对人工智能进行了定义。

1971 年图灵奖获得者约翰·麦卡锡（John McCarthy）认为："人工智能是让机器的行为看起来就像是人所表现出来的智能行为一样。"而计算机科学家爱德华·费根鲍姆（Edward Feigenbaum）认为："人工智能属于计算机科学的一个分支，旨在设计智能的计算机系统，即对照人类在自然语言理解、学习、推理、问题求解等方面的智

能行为，人工智能所设计的系统应呈现出与人类行为类似的特征。"著名学者斯图尔特·罗素（Stuart Russell）与彼得·诺维格（Peter Norvig）在二人合著的《人工智能：一种现代的方法》一书中把人工智能定义为"关于'智能主体'的研究与设计"，而这些"智能主体"需要在面对不同的情况时，做出有效且满足任务目标的行动。

除此之外，还有许多关于人工智能的定义，虽然至今尚未统一，但这些说法均反映了人工智能的基本思想。人工智能这个概念并不新奇。在古代，古人对人工智能就有很多设想。《列子》中记载着这样一件事情：一位名叫偃师的匠人，制作了一个能歌善舞的艺人送给周穆王。这个真人模样的艺人可以快跑、慢走、低头、仰首。更巧妙的是，当按动它的脸颊时，它就会唱出合于音律的歌；抬起它的手来，它就会跟着节拍跳舞。这件事的真实性已无从考究，但不论是古代还是现代，人类对于科技发展的设想从未停止。想象一下，在全面实现智能化的未来，出行上，有无人驾驶的汽车送我们去目的地；饮食上，有智能助手为我们量身定制每一餐；工作上，有虚拟会议系统帮助我们和同事远程在线协作完成任务；娱乐上，有丰富多彩的虚拟现实（VR）设备带我们参观数字展览，和列奥纳多·达·芬奇（Leonardo da Vinci）探讨作品《蒙娜丽莎》的灵感来源……

在人工智能发展过程中，正是这些设想激励着一代又一代的人去探索世界，一步步实现这些设想，从而使我们的生活变得更加便捷、多彩。那么人工智能是不是一定比人类更加聪明呢？接下来，编者将带你继续深入了解人类智慧和人工智能的较量。

▶▶智慧对决：人类 VS 人工智能，谁将胜出？

近年来，随着社会的快速发展和科技的不断创新，人工智能技术呈现出了蓬勃发展的势头。媒体频频报道人工智能技术在人机对弈、自动驾驶、智能家居等领域的突破性进展，让人们对人工智能感到十分兴奋和期待。

然而，这种科技创新也引发了一些人的担忧和焦虑。有人担心人工智能技术的快速发展可能会对人类造成不可逆转的伤害；有人担心人工智能可能会导致人类失业，剥夺人们的工作机会和谋生能力；还有人担心人工智能可能会失控，给社会带来灾难性的破坏。那么，面对如此强大的人工智能，人类是否将黯然失色？人类智慧与人工智能，究竟谁将胜出？

人们之所以担忧人工智能技术的发展，是因为人类

个体在学习能力、情感能力和信息处理能力等方面存在着很大的局限。与此相比，机器的智能在这些方面则更有优势。

人类从 5 岁背唐诗三百首开始漫漫学习之路，到18 岁身体各方面发育成熟，才拥有了一定的知识储备，而机器可以在一个月甚至几天的极短时间内存储人类从5 岁到 18 岁所学习的所有知识。机器可以在短时间内吸收并整合人类长期积累的研究成果以及各种知识，就像是一个出生即成年的"人"站在人类面前，拥有了与成年人同样丰富的知识储备。

机器是无私无畏的，它们不受情感和自我意识的约束。相比之下，人类在决策和行动中常常受到个人利益和恐惧心理的影响。人类有自我保护的本能，害怕死亡是人类的普遍心理。而机器永不衰老，除非发生故障或者主体破损；而且通过备份和再制造，机器可以实现修复和再生。这样看来，受到个人利益和恐惧心理影响的人类与无私无畏的机器进行竞争时，最终结果很可能是无私无畏的机器占据上风。这是因为机器不受死亡恐惧的影响，能够更大胆地采取行动，并且需要时可以选择再生。

现如今，人类生活中面临着海量的信息，这些信息来自生活的方方面面，包括互联网、社交媒体和科学研究等。面对如此庞大的信息量，人类往往难以快速、准确地处理并从中获取有价值的信息。这是因为人类的处理能力存在一定的局限性。相反，机器能够快速、准确地处理大量的数据，并通过大规模的数据分析来挖掘并提取有价值的信息。与人类相比，机器的智能更多地体现在其高效的信息处理和分析能力上。

然而，尽管机器的智能在学习和处理信息等方面具备一定的优势，但我们仍然应该客观看待人工智能技术的发展。

2016 年，谷歌公司研发的智能机器人阿尔法围棋以4∶1的比分战胜了围棋世界冠军、九段棋手李世石，让人感叹机器的智能竟如此强大。与此相对应的是，一边是1 202 个中央处理器（CPU）、176 个图像处理器（GPU）和100 多名科学家制作的拥有海量数据以及超强计算能力的阿尔法围棋，另一边则是一个人脑，李世石能从中赢得一局的胜利难道不值得人类骄傲吗？很多机器智能的研究人员都着重于比较人类和机器在大脑方面的表现，而往往忽视了身体行为的重要性。

阅读时，我们随意翻阅感兴趣的内容，从中找到灵感，写出属于自己的文字。而机器对人类输入的文本进行逐行逐字地读取，能触发灵感吗？等待红灯时，面对需要让行的急救车，我们会及时让道使其通过，机器会及时让道吗？运动时，我们会因为对运动的热爱而兴奋，心态和情绪也会随着比赛的进行而变化，可能会尖叫或哭泣，以此来表达我们的情感，机器具备这样的情感吗？让一个小孩与阿尔法围棋赛跑，谁会赢得比赛呢？除了下棋，阿尔法围棋有跑步这项功能吗？以上这些考量同样适用于人类的其他行为活动。

人类个体有着自己独特的品质，人类具有情感、道德意识和决策判断等方面的能力，我们能够理解他人的情感，我们在个人行为中会考虑道德和社会价值。这种情感和道德意识对于处理复杂的社会问题和人际关系至关重要。人类还具有创造力和想象力，能够生产独特的艺术作品和文化成果，是人类社会文明和进步的重要推动力，这是机器无法替代的。

我们必须认识到人工智能和人类智慧在本质上存在着差异。人工智能是通过处理大量数据并运用算法得出的计算结果，它擅长处理复杂的数据，但它缺乏人类智慧所拥有的独特能力。人类智慧涉及创造力、情感和道德判断等深层认知能力，这些是人工智能目前无法完全取代的。人工智能与人类智慧并非对立关系。我们应该积极拥抱人工智能，利用人工智能的优势来解决诸多复杂问题，提高工作效率，释放更多创造力。

▶▶从木牛流马到智能机器人

人类与人工智能的微妙关系是人类与智能千百年来对决的结果，虽然人工智能是近十年最火热的概念之一，但其发展历程不仅仅只有这十年。让我们跟随历史的车轮，看看古人是如何看待智能的，他们有多少奇思妙想，人工智能是怎么一步步发展到今天这么强大的。

➡➡人工智能时代的萌芽——古代文明中的智能

提到诸葛亮，大家一定都不陌生。传说他曾发明了一种名为木牛流马的工具，《三国演义》中用八个字描写它的强大之处："人不大劳，牛不饮食。"就是说这个装置不用饮水，不用吃草，就可以昼夜不停地运送粮草，比使用真的牛、马都省时省力。无独有偶，公元1世纪，在遥远的古希腊，著名数学家希罗（Hero）发明了气转球。它可以借助水蒸气使球体转动，还可以唱歌、学鸟叫。历史上记载的像这样神奇的装置还有很多。比如，传说鲁班发

明了会飞的木鸟,法国技师发明了仿生机器鸭,阿拉伯工匠制作了喷泉自动洗手池……虽然这些机器装置没有被保留下来,但他们的传奇一直激励着一代又一代的研究者去探索并实现智能。

1822 年,英国著名的数学家查尔斯·巴贝奇(Charles Babbage)设计了差分机。它采用齿轮间的啮合、旋转、平移等方式来进行数字运算,被认为是世界上第一台真正意义上的计算机。其后艾伦·麦席森·图灵(Alan Mathison Turing)提出了对人工智能有重大意义的一环——图灵机。

图灵机其实并不是真实构造出来的一个机器,而是图灵提出的一个模型。如图 1 所示,图灵机主要由以下四个部分构成:

• 一条无限长的纸带。纸带上有一个一个的小格子,每个格子上面写着一个符号,纸带上的格子根据顺序从左到右进行编号:0,1,2,3,……

• 一个读写头。这个读写头可以在纸带上移动,读取格子上面的符号或者写入修改格子的内容。

• 一个状态寄存器。这个寄存器存储着图灵机当前的状态,比如停止或者运行状态。

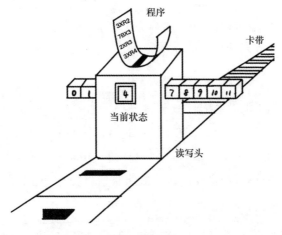

图 1　图灵机

• 一个有限的指令集。指令集存储着许多命令，它会根据图灵机当前的状态，以及读写头当前所指格子的符号来确定下一步读写头的操作和是否要改变图灵机的状态。

　　事实上，图灵机的操作流程模拟的就是人工用纸笔进行演算的过程。假如我们现在要计算 123＋589，那么我们需要一张草稿纸和一支笔，在计算过程中，需要依据加法法则，对每一位相加求和，在进位时在草稿纸上写下进位标记。图灵机里面的纸带就相当于这张草稿纸，数字符号被写到了纸带中的格子上，笔化成了读写头，运算

过程中的加法法则变成指令集中的命令，而进位的信息存储到状态寄存器中，读写头根据状态寄存器中的进位信息以及指令集中的加法法则，一步步计算得出最终的结果。

如果纸带上的符号变得更加丰富，指令集里面的指令也不仅仅是加法法则那么简单，那么这个机器就能处理更加复杂、更加多样的问题。图灵机是一台神奇的机器，它被公认为是现代计算机的原型，它的出现深刻地影响了现代计算机和人工智能的发展。

在图灵提出图灵机模型后，著名数学家、计算机科学家约翰·冯·诺依曼（John von Neumann）提出冯·诺依曼体系结构。其中提到的二进制数值系统和储存程序将图灵机从理想模型变成现实。冯·诺依曼提出读写头不需要按顺序一格一格地读写数据，而是通过直接访问提供的地址来进行读写操作。

1950 年，图灵发表了文章《计算机与智能》，在文章中提出了图灵测试的概念：一台机器如果通过了图灵测试，这台机器就被认为是具有智能的。

图灵测试的过程如图 2 所示。假设有两个屋子，一个屋子里面有机器，另一个屋子里面有人。他们都通过一根导线来和外面的测试者进行交流。在有限时间内，如果测试者无法分辨出和他交流的对象哪个是计算机、哪个是人，那么就称这台机器通过了图灵测试。图灵认为通过图灵测试的机器就具有了"智能"。图灵测试为人工智能的发展明确了前进的方向，对人工智能的发展产生了深远的影响。

图 2　图灵测试

➡➡人工智能的诞生——达特茅斯会议

正是前期数学大师们铺平了理论道路，才让人工智能迎来了它的诞生。1956 年，达特茅斯会议在美国汉诺斯小镇的达特茅斯学院开幕。参加这次会议的有约翰·麦卡锡（John McCarthy）、马文·明斯基（Marvin Minsky）、克劳德·艾尔伍德·香农（Claude Elwood Shannon）、

艾伦·纽厄尔（Allen Newell）、赫伯特·亚历山大·西蒙（Herbert Alexander Simon）等科学家（图3）。这次会议进行了整整两个月，提出了很多重要的思想，为人工智能的后续发展提供了重要的经验支持。在这次大会中，科学家们为他们讨论的主题起了一个名字，叫作人工智能。因此，1956年被人们称为人工智能元年。

图3　达特茅斯会议主要成员

➡➡人工智能的发展——三次浪潮

继达特茅斯会议之后，人工智能相关的研究开始步入了正轨，迎来了人工智能的第一次浪潮。

在机器学习领域，学者阿瑟·萨缪尔（Arthur Samuel）首创了机器学习这个概念。他研发的跳棋程序成功击败了美国的一个跳棋比赛州冠军。奥利弗·萨尔夫瑞德（Oliver Selfridge）研发出了第一个字符识别程序，开启了模式识别的新篇章。詹姆斯·斯拉格（James Slagle）研发出的符号积分程序，可以得出任意一个函数的积分表达式，展示了人工智能在解决数学问题方面的潜力。此外，纽厄尔和西蒙研发出的"逻辑理论家"程序成功证明了《数学原理》中的一条定理。1958 年，中国学者王浩利用 IBM704 计算机证明了《数学原理》一书中所有有关命题演算的定理。1959 年，约翰·麦卡锡在发表的文章中提出了"意见接受者（Advice Taker）"概念，这个概念被后人看作世界上第一个完整的人工智能系统。

20 世纪 70 年代，当人们还沉浸在人工智能第一次浪潮的狂欢之中时，人工智能遇到了第一次低潮。机器定理证明领域的发展遇到了瓶颈，计算机无法推导出两个连续函数之和仍然是连续函数这一命题。而萨缪尔研发的跳棋程序在打败了跳棋比赛州冠军后便止步于此。在这样的情形下，一直为人工智能研发提供资金的英国政府和美国国家科学委员会（National Research Council，NRC）对部分项目停止了资助。

但这些挫折并没有阻挡科学家的脚步。1980 年，卡内基梅隆大学研发出了第一套专家系统——XCON。

这个系统可以利用计算机的知识自动进行推理，从而达到模仿相关领域专家解决问题的效果。自此开始，各种各样的专家系统开始涌现。在第五届国际人工智能大会上，爱德华·费根鲍姆称这个领域为知识工程。在这股浪潮中，日本推出了第五代计算机计划。20世纪80年代，约翰·霍普菲尔德（John Hopfield）和大卫·鲁姆哈特（David Rumelhart）重新发展了神经网络理论，但由于计算机性能瓶颈无法突破，没有大量的数据来训练机器。人们对人工智能投入的资金开始减少。从1987年到1993年，人工智能陷入了第二次低潮。

科学家并没有被失败打倒，他们开始脚踏实地地针对特定领域内的特定问题进行研究。人工智能开始焕发出新的生命力，好消息接踵而来。1997年，计算机科学家许峰雄研发的计算机"深蓝"以3.5∶2.5的比分战胜了当时的象棋冠军卡斯帕罗夫（Kasparov）。2011年，由IBM公司研发的超级计算机"沃森"在美国非常受欢迎的智力挑战节目中成功击败当时的两位明星选手而成为冠军，再一次向大众展现了人工智能的魅力。2017年，谷歌研究团队首次提出Transformer模型，该模型显著提升了计算机理解长句子中词间关系的能力，并成为生成式人工智能系统的基石。这一成就引起了广泛关注，人们再一次感受到了人工智能的强大。

2022 年底，大语言模型中最具代表性的程序 ChatGPT 一经发布就迅速走红网络，发布仅五个月，全球访问量就达到了 17 亿次。ChatGPT 可以理解和学习人类的语言，还可以根据上下文来调整自己的回答，能够查找用户需要的信息，甚至可以帮助程序员编写代码。2023 年，ChatGPT 拥有了分析图像的能力。2024 年，视频生成大模型 Sora 可以通过文字生成视频，还支持图片生成视频、扩展生成的视频、视频编辑、视频连接等。未来，人工智能将持续发力，使算法更加智能化，能够自主学习、优化和适应各种场景。模型将更加复杂，在保障数据安全的前提下，从智能家居到智能制造绿色化，从语音识别到图像处理，从自动驾驶到医疗诊断，各个领域的应用会如雨后春笋般不断涌现，向世界展示生成式人工智能的力量和魅力，大语言模型将带来新一轮的科技革命……

短短十几年内，图像分类、语音识别、无人驾驶、自然语言处理等人工智能技术飞速发展，实现了从不能用到可以用、从雏形到成形的突破。未来，人工智能的应用面将继续扩大到更加广泛的领域，我们也将面临更多的机遇和挑战。

➡➡思维的碰撞——人工智能三大学派

在每次发展浪潮中推动人工智能进步的思想和方法论，都来自不同阶段所涌现出的见解不同的研究者，他们逐渐形成了三大学派：符号主义学派、连接主义学派和行为主义学派。我们现在看到的许多研究成果，基本都离不开这三大学派。

符号主义学派认为人工智能起源于数理逻辑，是一种基于逻辑推理的智能模拟方法。简单来说，他们认为人工智能的主要部分是软件，研究的是能够实现智能的程序。在人工智能发展历程中，符号主义学派长期占据主导地位，其代表人物有艾伦·纽厄尔、赫伯特·西蒙和约翰·麦卡锡。符号主义学派最著名的事件就是人机大战。打败人类选手的"沃森"、击败国际象棋大师的"深蓝"都是符号主义学派的研究成果。直到近几年，符号主义学派研究的知识图谱依然在智能问答领域焕发着光彩。

另一批学者从人类最具智慧的大脑入手，认为人工智能可以通过模拟神经网络来实现。他们被称为连接主义学派。和符号主义学派不同，他们认为计算机硬件才是实现人工智能的重要组成部分。其代表人物有麦卡洛克（McCulloch）、匹兹（Pitts）、霍普菲尔德（Hopfield）等。麦卡洛克和匹兹最早提出了 M-P 模型（McCulloch-Pitts Model），开创了深度学习的道路。阿尔法围棋是连接主义学派最为有名的研究成果，它在围棋比赛上战胜了人类的围棋世界冠军，为连接主义学派打下漂亮的一仗。

与符号主义、连接主义学派都不同，行为主义学派将目光放在昆虫上。他们认为人工智能源于控制论，应该从生物进化的角度来观察智能是如何产生的。其代表人物有罗德尼·布鲁克斯（Rodney Brooks）、约翰·亨利·霍兰德（John Henry Holland）、詹姆斯·肯尼迪（James Kennedy）等。通过观察昆虫，他们制作出了人形机器人 Atlas 和四足机器狗 Spot。这两个机器不会下棋，也不会答题，但它们十分灵活，具有很强的身体协调能力，在复杂的环境下，也可以利用自己的四肢行动自如。霍兰德提出了遗传算法，这是一种通过模拟自然界生物进化过程中的自然选择现象来寻找最优解的优化算法。而肯尼迪提出的粒子群优化算法，通过模拟动物的群体行为来解决最优化问题。

三大学派分别强调计算机软件、硬件以及控制论的重要性，不论从哪个角度出发，他们都踏上了通往全面智能的道路。相信在不久的将来，三大学派相互融合会给

世界带来更加强大的人工智能产品。

▶▶ 人工智能的三大要素：数据、算法、算力

从古代的木牛流马到现代的智能机器人，人类一直在追求模拟和复制人的智能。然而，实现这种智能并非易事，它依赖于一系列相互作用的基础要素。数据、算法和算力是构成人工智能基础的三个核心要素（图4）。它们之间相互关联、相互影响，共同推动着人工智能的发展。

图 4　人工智能的三大要素

为了更好地理解人工智能的三大要素，我们以炒菜来比喻它们之间的关系：数据就像炒菜的食材，是人工智能的生产原料；算法则像烹饪的菜谱，指导数据如何被加

工和利用；算力则相当于炒菜的厨具，提供生产所需的动力。数据就像生产原料，算法和算力就像生产引擎，有了生产原料和生产引擎，就可以在不同的场景下生产出我们所需要的东西。要想做出美味佳肴，优质的食材、精妙的菜谱、先进的厨具缺一不可。

➡➡数据好比食材

在人类的创新历史中，很多突破都是从对动物的仿效开始的，比如模仿鸟类的飞行方式来实现人类的飞行梦想。在早期的人工智能研究中，被称为"飞鸟派"的学者主张通过模仿人类的思维方式来赋予计算机智能。然而，这种观点最后以失败告终。

在20世纪70年代初，康奈尔大学的弗莱德里克·贾里尼克（Frederek Jelinek）在进行语音识别研究时采用了一种全新的思路。他将大量数据输入计算机，并让计算机进行快速匹配，利用大数据来提高语音识别的准确率。这个全新的思路将复杂的智能问题简化为统计问题，而计算机在处理统计数据方面具有优势。这一研究引起了学术界的关注，人们开始意识到对数据的利用是实现计算机智能的关键。

在许多人的认知中，数据往往被简单地视为数字或

由数字组成。然而，数据的范畴实际上远远超出了数字本身。数据不局限于数字，而是可以包括各种形式和类型的信息，如文字、图像、声音、视频等。一本书的文字和图表可以被视为数据，一段音乐的音符和节奏可以被视为数据，一张照片的像素和颜色也可以被视为数据。数据并不仅仅指数字，而是广泛地涵盖了各种形式和类型的信息。

数据中往往隐藏着我们的肉眼无法察觉的信息，这些信息是客观存在的，人工智能的"智能"都蕴含在数据中。当前的时代，无时无刻不在产生数据。这些数据形式多样，大部分都需要进行大量的预处理，处理后的数据才能为人工智能算法所用。

实现人工智能的首要因素是数据，数据是人工智能的基石，没有足够的数据支持，任何先进的算法和强大的算力都将无从谈起。

➡➡算法好比菜谱

当我们谈论算法时，可以将其比喻为菜谱。菜谱向我们展示了如何将食材加工、制作成美味佳肴。同样地，算法指导计算机如何处理数据，从中获取有用的信息。并且就像不同的菜谱能满足不同的口味需求一样，不同的算法也能适用于不同的应用场景。它们的目的都是达到特定的目标、满足特定的需求。

在现实生活中，识别技术是最常见的人工智能应用之一。传统的识别方法中，研究人员需要将目标对象抽象成一个模型，设计算法来描述该模型，并输入给计算机。这些模型的构建通常基于人类对对象的理解和经验，通过人为定义对象的特征和规则来进行识别。以猫的识别为例，人们可能会按如下内容定义猫的特征：毛发的长短、瞳孔的颜色和鼻子的形状等。

然而，传统的方法存在一些限制。在抽象对象特征时，需要依赖人类的主观判断和经验，可能会忽略一些微小但重要的特征。并且将复杂的对象特征准确地转化为算法表达往往具有挑战性，导致识别率较低。此外，这种方法需要大量的人工参与和人为定义，工作量巨大且耗时较长。

幸运的是，科学家通过观察婴儿的学习过程，发现他们能够自主地从周围环境中学习并理解事物的本质，而无须人为教导。这个发现启发了科学家，他们开始思考是否可以用同样的方法让计算机进行自主学习，例如给计算机展示大量猫的图片，让计算机从中学习猫的特征。

科学家让计算机自主地发现图片中的共同特征，这就是机器学习算法。这种算法能够让计算机从数据中发现隐藏的模式和规律，而无须人为地提供标签或指导。通过不断调整算法的参数和结构，计算机逐渐学会了定义猫的一些特征，如身形、眼睛和鼻子的形状等。最后，当计算机看到一张新的猫的图片时，它能够根据之前学到的特征来辨认出这是一只猫。

➡➡算力好比厨具

算力在人工智能中的作用就像厨房里的厨具对于美味佳肴的重要性一样。算力指的是计算机处理数据的能力，包括计算速度、存储能力和通信能力等。当拥有了大量的数据之后，就需要采用算法对人工智能模型进行持续的训练。如同炒菜过程需不断地翻炒使食材与调料充分混合，进而菜品口感更加丰富，味道更加鲜美。人工智能亦是如此，只有经过长期训练，才能从大量的数据中总结出规律。而算力则为人工智能提供了基础的计算能力的支撑。

每个智能系统都依赖强大的硬件和软件计算系统。超级计算机是一个国家科技发展和综合国力的重要指标，被称为"国之重器"。它在许多关键领域发挥着重要作用。例如,在气象预报方面,它的运算能力使得人们能够获得更长时间的天气预测,为农业、交通和自然灾害预警等提供了宝贵的数据和信息。此外,在地震预警方面,它能够处理庞大的地震数据,提供准确的预警信息,有助于保护人民的生命和财产安全。实际上,许多领域都离不开超级计算机的支撑和贡献。

TOP500 是一个全球性的超级计算机排名列表,该列表评估了世界上最快的超级计算机。TOP500 的目标是提供有关全球超级计算机发展的权威数据,追踪计算机性能的进展。2022 年,中国的超级计算机"神威·太湖之光"和"天河二号"在 TOP500 中位列前十。特别是"神威·太湖之光",峰值性能高达 12.5 亿亿次/秒,持续性能达到9.3 亿亿次/秒。简单来说,它 1 分钟的计算能力,相当于全球72 亿人同时用计算器不间断计算 32 年。

在人工智能应用中,算力扮演着关键的角色,它是支撑数据和算法运行的重要基础。现如今,我们正处于一个数据爆炸的时代,互联网和物联网每天都在产生海量的数据。这种规模数据的增加与人工智能算法模型的复杂性相互叠加,使得人工智能对算力的需求日益增大。复杂的算法模型需要进行大规模的训练以完成各种任务,这些任务需要庞大的计算资源来进行高效处理。因

此，算力已成为评估人工智能研究成本的重要指标。

优质的数据为算法提供了训练和学习的基础，而先进的算法能够从数据中提取有价值的信息。同时，强大的算力为人工智能提供了高效的计算支撑，使其能够处理大规模的数据和复杂的计算任务。这三个要素相互促进，共同构成了人工智能的核心。

亲爱的读者，相信通过对上述内容的阅读，你已经对人工智能有了初步了解。人工智能并不仅仅是科幻电影中的想象，而是正在发生的技术革命，以惊人的速度改变着我们的生活。接下来，让我们共同探索那些让人惊叹的人工智能如何重塑我们的生活和社会！

改变世界的人工智能

> 所以知之在人者谓之知；知有所合谓之智。
> 所以能之在人者谓之能；能有所合谓之能。
>
> ——荀子

在当代科技的浪潮中，人工智能正以惊人的速度和力量改变着我们的世界。作为一项具有革命性潜力的前沿技术，人工智能引领着社会、经济和科学的巨大转变。它已经深入渗透到我们生活的方方面面：从日常工作到社交互动，从医疗保健到交通运输，从工业制造到航空航天，人工智能无处不在，产生的影响也日益显著。下面将带你探索那些改变世界的人工智能，展现一个人与机器共舞的和谐世界。

▶▶与人工智能共度趣味生活

相信你一定在生活中"见过"人工智能。在当今这个高速发展的数字时代，人工智能技术给人们的生活方式带来了变革。家中的扫地机器人、酒店里为你运送物品的配送机器人、代替密码和指纹的扫脸支付等都是人工智能技术的产物。人工智能使我们的生活变得更加便捷，给未来增添了无限可能。这些变革深刻地影响着我们的工作、学习以及娱乐方式，同时也预示着一个全新的时代正在向我们走来。

➡➡服务机器人——人们的生活助手

如今，服务机器人已成为我们现代生活中不可或缺的助手。无论是清洁机器人还是配送机器人，都集机器学习、计算机视觉等人工智能技术于一体，拥有着强大的"大脑"。通过与各种各样的传感器配合，它们能够实现躲避障碍物、搜索路径、生成地图等功能，能帮助人们处理各项日常事务，提高生活质量。

在以人工智能为主旋律的智能化时代，清洁智能化是社会发展的必然趋势。扫地机器人（图5）解决了日常清扫中尘土飞扬、毛发打结等问题，极大提高了清洁效率。搭载人工智能技术后，扫地机器人更能满足家务自动化的需求,将人们从繁杂的体力劳动中解放出来。

很多研发公司将传感器技术、物体识别技术融为一体,研发出了更先进的扫地机器人、擦窗机器人等。某品牌将全局规划技术搭载到扫地机器人上,实现自动调节清洁参数,匹配最佳清洁策略,有效地解决了毛发打结缠绕这一难题。另一个科技公司的产品搭载了视觉识别系统和全局规划技术,解决了死角难以清洁的问题。这些产品能够自动识别房间布局和障碍物,智能规划清扫路径,在不需要人工干预的情况下,自主导航并执行扫地、吸尘、拖地等任务,彻底清洁家居环境的各个角落,极大地简化了家务劳动。

图 5 扫地机器人

深夜,当你拖着疲惫的身体来到酒店,酒店服务机器人能够热情主动地迎接你,为你递上热水,引导你快速办理入住。这种美好的人机交互体验已经不再是科幻电影的情节,很多公司都研发出了多种酒店服务机器人。例如,某些科技公司研发的酒店服务机器人能够通过人脸识别技术为客人提供个性化服务。它能够自如地在酒店中运送物品,且能够全天 24 小时营业。当遇到突发事件时,它能够快速做出响应。而某些科技公司研发的酒店服务机器人配备了独立操作电梯的导航系统。这使得它能够在不同楼层之间自由穿梭,显著提高了服务的速度和质量。此外,有的酒店使用酒店服务机器人作为前台接待客人。它能够自动办理客户的入住和退房手续,回答客户的常见问题。当前,很多酒店都开始使用酒店服务机器人,这种无接触式服务正在逐渐成为酒店行业未来发展的一大趋势。

当今时代,随着全球人口老龄化趋势不断加剧,家庭和个人的服务机器人需求正在显著增长。2023 年世界机器人大会发布的信息中提到,我国服务机器人持续快速发展,2023 年上半年产量达 353 万套,同比增长 9.6%。这预示着这一领域未来的广阔前景。随着技术的不断进步和市场需求的进一步扩大,服务机器人将在全球范围内愈发崭露头角。

➡➡**扫脸支付——人们的随身钱包**

　　你是否遇到过购物时没有现金、手机没电的突发情况呢？扫脸支付(图6)可以有效解决这一难题。扫脸支付的出现真正实现了支付过程的无缝化和极速化。这种支付方式使用面部识别技术来确认用户的身份，从而允许用户无须使用现金、信用卡或手机即可完成支付。面部识别技术依赖于人工智能领域中的深度学习算法。它能够分析成千上万个面部图像，学习并提取关键的面部特征点，进而准确区分并识别每个人的面部信息。

图6　扫脸支付

改变世界的人工智能

扫脸支付在全球范围内的首次商用试点是2017年9月1日支付宝在肯德基的 KPRO 餐厅上线扫脸支付功能。接着,在 2019 年 1 月 16 日,全国首条采用扫脸支付的商业街——温州五马街亮相,标志着这项技术正式走进中小商户。到现在,扫脸支付技术已经在众多便利店广泛普及,都可以通过简单的面部扫描完成支付,真正实现了这项技术的全面应用。

扫脸支付利用先进的面部识别技术有效地减少了身份被盗用和受欺诈的风险,极大地提升了支付系统的安全性。这种技术通过快速识别用户的面部特征,确保支付过程不仅迅速,而且安全可靠。此外,由于无须使用现金、卡片等物理介质,交易的便携性显著提高,加快了支付速度,简化了消费者的购物流程。同时,扫脸支付技术的推广与应用也促进了智能终端设备与金融科技的深度融合。随着智能手机和各种智能终端设备的普及,整合面部识别功能已成为趋势,有助于为消费者提供更加个性化和高效的服务体验。这种融合不仅优化了消费者的购物体验,还为商家提供了新的营销机会和顾客管理策略,从而使整个零售生态系统都更加高效和智能。

未来,随着相关技术的不断进步,扫脸支付将在全球范围内得到更广泛的应用。这种支付方式的推广将进一步推动建立智慧社会，推动社会向数字化、便捷化的方向发展。

▶▶妙手回春的人工智能医生

现代医学至今仍存在一系列有待解决的难题。例如，医学领域产生的临床数据、影像数据、基因组数据等数据量庞大，而传统方法难以有效处理并分析这些数据；医生需要在繁忙的工作中快速、准确地诊断疾病和分析影像，在一定程度上存在主观性和误诊的可能；传统的治疗方法往往是基于群体平均效果设计的，无法考虑到个体的差异性和需求；传统的药物研发和临床试验周期长、成本高、成功率低；等等。近年来，随着人工智能的兴起，人工智能在医学领域得到了广泛的应用，有助于提高医疗服务的质量和效率，为患者带来更好的治疗效果。

➡➡问诊保健——人们的虚拟医生

人工智能在医疗保健领域的应用非常广泛。它可以帮助医疗机构和医生更好地处理和分析大量的医疗数据，以提高诊断准确性并制定个性化治疗方案，同时提高医疗服务的效率。

在我国，书写病历占用了医生大量的工作时间，采用传统书写病例的方式再转录电脑往往效率低下。同时，医院每日都需要对大量病历进行质控和归档工作，工作量巨大，医生难以同时保证工作的效率和质量。

人工智能可以帮助医生将患者的主诉内容实时转换成文本，同时录入医院信息管理软件，制成电子病历。这能提高填写病历的效率，避免医生浪费精力和时间，让医生将更多精力投入到与患者交流和诊断疾病中。例如，最新推出的智能病历专注于将人工智能技术与健康医疗领域的应用场景相结合，利用人工智能实现病历质控系统。"机器＋人工质控"的方式逐步取代了人工抽检，实现了病历质控事前规则自定义、事中问题实时提醒和事后问题分析整改等功能，扩大了电子病历质控范围和质控点的覆盖率，减轻了医生的负担，提高了数据的利用成效和医生的工作效率。

因为每个患者的生理和病理特征不同，目前医疗领域普遍存在医患沟通效率低下的问题。人工智能可以根据患者的个人信息和历史就医数据，提供个性化治疗方案以供医生参考。对于患病程度不同的患者，人工智能可以进行预诊，减少医生与患者的沟通内容和时间，提高医患沟通效率。

新药研发具有技术难度大、投入资金多、研发风险大和研发周期长等特征。同时，随着疾病复杂程度的提升，新药研发的难度和成本迅速增加，全球新药研发成功率呈下降趋势。

通过大规模数据分析和模拟实验，人工智能可以预测药物的潜在效果和副作用，提高发明新药的速度和成功率，缩短临床试验周期，帮助科学家更快地找到潜在的药物候选物。例如，当前的疫苗生产企业依托建立的 mRNA 技术平台和自主设计、开发的序列优化软件，可以得到影响稳定性的关键位点及有效提高抗原表达量的最优序列，从而缩短产品开发时间，快速实现科研成果产业化。

➡➡影像分析——医生的智能助手

如今，医生每天都要处理海量医学影像数据。在海量影像中，迅速找出异常征象是影像医生的工作，然而这并不是一件简单的事。例如，关于冠状动脉造影和冠状动脉计算机断层扫描血管造影诊断，判定狭窄、斑块等所需的时间并不多，反而是血管的分割提取会耗费大量时间。医学影像分析是一种计算机辅助的图像处理技术，用于对医学影像进行分析、处理和解释，以提高诊断和治

改变世界的人工智能

疗等医疗服务质量。图 7 描绘了人工智能在影像分析中的应用。

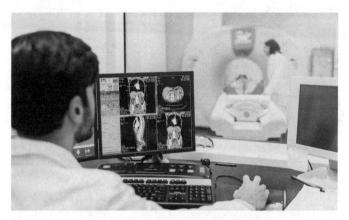

图 7　人工智能在影像分析中的应用

　　目前我国医学影像数据的年增长率约为 30％，而放射科医生数量的年增长率约为 4.1％，其间的差距是 25.9％。这意味着放射科医生的数量增长远不及医学影像数据的增长，影像科、放射科医生供给严重不足，具有丰富临床经验的优秀医生十分短缺。同时，影像科医生依靠目测和经验判断容易导致误诊和漏诊。

　　在医学影像的检测中引入人工智能技术，可以自动检测医学影像中是否存在肿瘤、结石等病变区域，并提供诊断建议。这有助于医生更快速、准确地发现患者的异常情况,提高诊断效率。目前,历时三年建设的"医疗影像国家新一代人工智能开放创新平台"已构筑起支持多模态、多病种的服务平台,支持医疗影像数据的存储、统计、标注、人工智能模型训练、验证等医疗人工智能研发全流程功能。平台通过云端开放医学影像人工智能的共性技术,实现了"有网即用"的高效使用方式,已累计为4 000多个科研单位和用户提供服务,标注医学影像数据超过 70 000 例。

此外,人工智能可以对医学影像中的不同组织、器官进行精确的定位和分割。人工智能可以做到精确到像素级的影像识别与分割,尤其是对影像灰度的敏感性更是显著超过人类肉眼上限。这有助于医生更好地观察和分析患者的解剖结构,为手术规划和治疗提供重要的参考。

因为病理特征在早期通常很不明显,所以医生希望得到尽可能清晰的 CT 和 NMRI 影像,以便观测到相关特征,甚至细微纹理。然而,对影像清晰度的要求越高,成像扫描仪就越复杂,医疗费用就越昂贵。人工智能可以用于医学影像的去噪、增强和重建,提高影像的质量和清晰度。这有助于医生更准确地诊断患者的病情,尤其是在低剂量辐射下获取高质量的影像。

改变世界的人工智能

未来，医疗行业将融入更多人工智能技术，使医疗服务走向真正意义的智能化，从而推动医疗事业的繁荣发展。随着科技的发展，智慧医疗将在人们的生活中发挥越来越重要的作用。

▶▶拥抱人工智能赋能的制造业

当我们谈及制造业时，就好像在说一场古老又神秘的魔法秀。它是生产力的摇篮，是创造各种美妙产品的工厂。从古代的手工制作，到现代的机械奇迹，制造业一直在不断地进化，让我们的生活变得更加丰富多彩。

而现在，让我们把目光投向制造业的"新宠"——人工智能技术。就像魔法师手中的魔杖一样，人工智能技术正在给制造业带来一场革命。它不仅能够帮助工厂提高效率、降低成本，还能让产品更加精致、智能。

➡➡"黑灯工厂"——工厂的优秀大脑

你可曾听说过"黑灯工厂"？它就像一个神秘的黑匣子，里面没有工人，只有一群机器人在忙碌地干活。借助人工智能技术，这些机器人能够智能地制订生产计划，控制生产流程，甚至能自己检查产品质量。简直就像是一个魔法师，一挥手，就完成了一大堆工作！

在走进"黑灯工厂"前，首先让我们想象一下传统的工厂的样子。你可以想象到工人们穿着工作服，忙碌地在生产车间来回奔波，机器轰鸣，生产车间里灯火通明，仿佛永远不会休息一样。

在这样的环境中工作，首要的问题是需要的人力很多。装卸原材料、搬运中间加工品、成品质检等环节，都需要人力参与其中。其次，工厂中的噪声、生产加工过程中的粉尘碎屑等都会对工人的健康造成影响。如果工人在生产过程中注意力不集中，甚至很可能会导致一些危及生命安全的问题。为了解决这些问题，工程师一直致力于用自动化机械代替人工，尽可能降低工作的危险性，同时提高工作效率。但在人工智能技术出现之前，这些自动化机械大多只能运行设计好的程序，如果遇到突发情况或者更改生产的流程，就需要大规模停工修整。

而现在，最新的"黑灯工厂"已解决这些问题。在"黑灯工厂"中，不再需要安排工人坚守在车间内工作，一切都由工厂中的智能系统调节、控制，实现无人化全自动生产。在我国，机械制造、航空航天、汽车制造、能源加工、电子器件、食品和消费品加工等制造业的几乎所有领域，都需要"黑灯工厂"来进一步提高生产力、降低生产成本。

　　让我们走进 A 钢铁集团的生产基地，亲身感受世界上最先进的工厂是如何运转的。在这里早已实现 24 小时自动化生产，部分生产线已经用机器人替代工人，只需要 2～3 名工人流动检视生产状况即可。炉前巡检工作则由四足巡检机器狗来完成，工人们再也不用在 50 多摄氏度的高温环境下辛苦工作了。在其他的生产环节中，基地共部署了近千台自主研发的机械臂和其他配套智能设备，结合人工智能技术，能够完成绝大部分生产工作，将数千名工人从高温高危的工作环境中解放出来。

　　而在生产线外，基地内部有先进的智能管理系统，统管包括物流、仓储、能源、安保等各个生产辅助领域。图 8 就是基地中的智能仓库。这些钢卷在过去需要工人在现场驾驶机器搬运，而现在工人只需坐在中控中心就能远程下达命令，让智能无人天车完成工作。在中控中心，工人还能全面掌控整个基地的生产情况：高炉新出的铁水成分如何，一号仓库还有多少库存，明天发货的订单现在推进到哪个环节……这些在过去需要很多人分别调查才能获得的数据，现在工人足不出户便可轻松获得。智能管理系统极大降低了管理难度，提高了整个基地的生产效率。

　　像 A 钢铁集团的生产基地这样先进的自动化工厂，

图 8　基地中的智能仓库

在我国还有很多。例如,建立了数字化柔性设备制造系统的 B 工厂,综合运用人工智能技术和工业互联网、大数据等技术的 C 工厂,利用人工智能技术优化流程并完善安全管理的 D 工厂,等等。这些人工智能技术和制造业结合的鲜活实例,向我们展示了人工智能的巨大潜力,也指明了制造业未来的发展方向。

➡➡智慧矿山——矿场的精准矿工

　　走出"黑灯工厂",再让我们看看智慧矿山。在过去,矿山是一个非常危险的工作的地方。矿工们身穿厚重的工作服,走入黑暗幽深的矿井,在满是灰尘的环境下用矿

改变世界的人工智能

镐一点点将矿物挖下来，再运回地面进行后续的粉碎、选矿等工作。在矿井里，无处不在的粉尘损害着矿工的生命健康。长时间工作的矿工经常会患上尘肺、硅肺等疾病。在挖掘过程中还可能挖到甲烷、二氧化硫等可燃、有害气体。如果支撑结构出现问题，还可能出现塌方、爆炸等重大安全事故。长时间在昏暗、狭窄的井下工作，对矿工们的心理健康也带来了挑战。

随着人工智能技术的发展，一处处智慧矿山开始取代原本的传统矿井。智慧矿山是什么样的地方呢？相比于传统的矿山，它更加安全、高效。例如，我国 A 技术有限公司设计开发的智能矿山解决方案，由工业物联操作系统、工业承载网、云基础设施、数字平台和智能应用组成。现在已经有多个矿业公司使用了智慧矿山解决方案。B 矿业公司基于智慧矿山管理平台，对总计 138 平方千米的井田生产场景做了建模和映射。借助人工智能技术和其他相关技术，结合井下工艺流程和各种传感器、无人机的实时监测数据，整个矿山得以实现从发掘、开采到加工、运输全流程的监控和管理。过去一个采矿面在生产高峰期，需要近百名矿工"三班倒"连续生产，而现在只需在井上远程进行集群化控制，各种大型的采煤机、破碎机等机器就能在智能化系统的控制下有序运转。在井下作业时,随着挖掘机的掘进,需要不断树立支柱以防止发生坍塌事故。过去这项工作全由人工完成,不仅费时费力,还容易发生由支柱角度错误引发的坍塌等安全事故。而现在,搭载了人工智能算法的机器能够智能分析井下立柱的具体环境,计算最优角度并将支柱精准布置到所需的位置(图9)。在实时监测矿山情况的基础上,结合人工智能技术的智慧矿山系统还能够进一步提高生产效率,包括探测和预测矿物的分布和存量、规划和优化当前开采路线等。

图 9　智慧矿山中的自动立柱设备

人工智能技术就像制造业的"魔法药水"，它让我们的工厂变得更加聪明、更加安全。无论是"黑灯工厂"还是智慧矿山，都展现了人工智能技术的神奇魅力。在不久的将来，随着技术的不断发展，还会有越来越多的制造业奇迹，让我们的生活变得更加美好。

▶▶驾驶员的最佳伴侣

许多人都对城市中各种各样的交通问题感到头疼，特别对于方向感不好的人、急于前往社交场合的中年人，在高峰时段，他们很难约到出租车，地铁也拥挤不堪，而最新出现的智能汽车会为这些问题提供解决方案。智能汽车具备智能环境感知能力，能够自动分析车辆行驶的安全或危险状态，并使车辆按照人的意愿到达目的地，最终完全替代驾驶员来操作。

➡➡自动驾驶——人们的贴心代驾

智能汽车之所以有别于传统汽车，首先是因为它搭载了自动驾驶技术。自动驾驶技术利用高精度的传感器来感知周围环境，包括道路、车辆、行人和障碍物等，并且使用算法实时分析数据并做出决策(图10)。自动驾驶技术的关键在于其高度自主性和智能性，能够在没有人类干预的情况下自主控制车辆，包括正常行驶和紧急避障、刹车等。尽管在技术发展的初期，人们对自动驾驶技术抱有一定的怀疑和担忧，但随着科技的发展，自动驾驶技术已经在许多领域得到了广泛的应用。

图 10　自动驾驶汽车

自动驾驶技术的引入具有重要意义，特别是在安全性方面。传统的驾驶方式在很大程度上依赖驾驶员的经验、技能和注意力，而这些人为因素往往是导致交通事故的主要原因。自动驾驶技术基于人工智能技术和传感器技术的巧妙结合，利用复杂的算法和决策机制实现车辆的自主驾驶，从而消除了人为因素的影响。这种技术能够持续、稳定地监测道路状况和周围环境，并在必要时做

出快速反应,大大降低了交通事故的发生率,提高了行车的安全性。此外,长时间驾驶可能会给驾驶员的身体健康带来一些问题。当驾驶员感到疲劳时,他们可以将驾驶任务交给自动驾驶系统,让车辆自动完成驾驶任务,从而使驾驶员能够放松身体、缓解疲劳,让每一个人都享受轻松、愉快的旅途。

在我国,为了规范自动驾驶技术的等级,国家市场监督管理总局、国家标准化管理委员会针对自动驾驶功能正式出台了《汽车驾驶自动化分级》国家推荐标准,将自动驾驶技术分为0~5级,共6级,并于2022年正式实施。

其中0级为应急辅助,仅提供警告以及短暂介入以辅助驾驶员(如车道偏离预警、前碰撞预警等)。1级为部分驾驶辅助,可以协助驾驶员完成一些简单、重复的驾驶操作。2级为组合驾驶辅助,可以同时控制车速和方向,完成一些基本的驾驶任务,但驾驶员仍需监控周围环境,随时接管车辆。3级为有条件自动驾驶,可以在特定条件下实现自动驾驶,驾驶员可以暂时不操作车辆,但一旦系统发出接管请求,驾驶员必须理解并接管车辆。4级为高度自动驾驶,可以在特定区域或环境内实现完全的自动驾驶,无须人工接管。5级为完全自动驾驶,无须驾驶员,适用于任何场景。

近年来,汽车行业正积极投身于整车自动化和智能化的深度推进,市场对自动驾驶技术的接受度也在不断提高。自动驾驶技术被视为一种革命性的创新,其发展水平与各国汽车产业的国际竞争力以及在全球产业分工的格局紧密相关。因此,许多国家均对自动驾驶的发展给予了极高的重视,不少传统的汽车强国纷纷制定了自动驾驶技术的发展蓝图,同时在交通法规、监管政策等方面积极探索,来支持和推动自动驾驶技术的研发和应用,保持和强化全球竞争地位。

我国同样高度重视自动驾驶技术的发展,并积极出台相关政策和规划。不同类型的企业也纷纷加入到自动驾驶技术的研发、应用试点和商业化推广中,特别是在电动化和智能化的双重趋势下,我国的汽车产业迅速发展,自动驾驶技术正是其中的重要驱动力。随着我国政策的支持和市场需求的增长,新能源汽车企业有望进一步提高在自动驾驶领域的地位,并为我国自动驾驶技术的发展做出更大贡献。

截至2023年,各企业研发的智能汽车最高只能达到等级为4级的高度自动驾驶,尚未达到等级为5级的完全自动驾驶。可能在不久的将来,我们就能实现完全自动驾驶并得到商业应用。想象一下,无论是长途旅行还

是日常通勤，你都可以尽情享受自己的时光，在车内舒舒服服地坐下来，欣赏美丽的风景，或者看一本书、听一段音乐，让旅途更加充实、有趣。

➡➡路线规划——驾驶员的智能领航员

智能汽车不仅具备基本的驾驶功能，还拥有智能导航功能，能够为驾驶员提供精准而高效的路线规划。智能导航系统会整合目的地和实时交通信息，迅速地计算出最优的行驶路线，用最短的时间抵达目的地（图 11）。智能导航系统就像是驾驶员的领航员，帮助驾驶员找到最佳的行驶路线，在城市的大街小巷中信心十足地穿行。

图 11　智能导航系统

在行驶过程中，如果遇到交通堵塞或其他意外情况，智能导航系统能够灵活地调整行驶路线，为驾驶员挑选出最佳的备用方案。更令人惊叹的是，它能够实时监控道路状况，并在发现潜在危险或道路封闭时，及时给出警告和建议，确保乘客和驾驶员的出行安全。并且每当驾驶员驶入未被记录的道路或遇到新的交通情况时，它都会积极收集数据并更新自己的数据库，为未来的导航决策提供更加精准和全面的支持。

在我国，智能导航系统已经得到了商业应用，为人们的出行带来了便利。它除了支持多种出行方式的路线规划，还引入了联程规划功能，通过方案对比和推荐，降低用户出行决策的成本。它还具有未来出行预测功能，利用历史大数据和未来出发时间的信息，预测未来七天内任意时段、任意路线的路况和用时，为用户提供最佳的出行参考。此外，智能多途经点路线规划功能可以通过用户输入的多个途经点，综合考虑路况、交规限行、途经点的相对位置以及路线整体的绕路成本等，智能调整途经点顺序，给出合理的路线。

智能导航系统的智能源于人工智能技术的强力赋能。人工智能技术通过整合卫星定位系统和地图数据，能够准确确定车辆的位置，从而向驾驶员提供准确的导

航指引。同时人工智能技术具备实时更新功能，可以及时监测和分析各个地区的路况。通过收集和处理大量的交通数据，准确判断道路的实际状况，为驾驶员选择最安全、最快捷的道路，避开拥堵和危险区域。不仅如此，人工智能技术还具备个性化的服务能力。通过分析驾驶员的偏好、历史行车记录等数据，为每个驾驶员提供量身定制的个性化路线，例如偏好高速公路还是风景线路，优先选择高速通行还是避免收费，等等。人工智能的赋能使得智能导航系统不仅仅是一个简单的方向指示器，更是一个能够实时分析路口的交通状况并智能调整路线的领航员。

人工智能赋予了汽车前所未有的智慧，让我们领略到科技与出行的完美融合。智能汽车的出现，彻底改变了传统的交通出行方式，使车辆可以自主完成大部分的驾驶任务，为用户提供更加安全、便捷和舒适的行驶体验。

▶▶ 太空探险中的人工智能航行家

太空探索源自人类对未知的好奇和对探索的渴望，而在这个浪漫的领域中，人工智能的角色正变得越来越重要。人工智能不仅在太空航行中扮演着引领者和决策者的角色，更是航空航天领域中的重要推动者和技术革新者，为人类的太空探索注入了新的活力和希望。

→→人造卫星——航空航天中的"眼睛"

人造卫星是由人类发明、创造的一种航天器，通过运载火箭或航天飞机等发射到指定位置，像天然卫星一样环绕地球或其他星体运行。人造卫星在航空航天中扮演着越来越重要的角色，被称为航空航天中的"眼睛"。它们具有独特的监视和观察能力，可以携带各种传感器和摄像设备，像"眼睛"一样实时获取外部的信息。

人工智能技术的不断发展为卫星数据处理带来了创新性的变革。以往，人造卫星所获取的数据必须传输到地面才能进行分析和处理，耗费了大量时间和资源。如今，人工智能技术的应用使得卫星具备了自主分析和处理数据的能力。在卫星上搭载的人工智能算法和智能操作系统，让卫星能够在轨道上实时处理数据，识别模式、执行任务，甚至做出决策。

以遥感卫星监测农作物为例（图12），传统技术中，遥感卫星拍摄的影像需经过手工标注和范围划定，随后利用遥感光谱分析技术进行识别。此过程尽管比传统地面勘测更高效，但在地表分割和边界精确定位方面仍需大

改变世界的人工智能

量人工进行操作。然而，人工智能技术的引入已经开始改变这一局面。

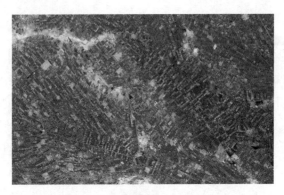

图 12　农业灌溉卫星拍摄的图像

人工智能可以深入分析和学习遥感影像数据，实现地表特征的自动识别和分类，从而显著提高数据处理速度和解释的准确性。在卫星中搭载人工智能模块，相当于为卫星装配了一个能够自行解读数据的智能系统，极大地增强了识别功能。

如果将搭载人工智能模块的卫星比作是一台智能手机，人工智能模块就相当于手机的芯片。它能让卫星自主处理许多原本必须在地面中心处理的任务，从而显著提高响应速度和决策效率。这样的卫星可以更快速、更准确地监测和应对紧急事件，真正发挥多源数据融合的优势,避免延误指挥分析的黄金时间。

而卫星上的全色相机、近红外相机、全景相机等设备就相当于智能手机的前后摄像头,能够实时采集卫星所需要的数据(图13)。结合大容量存储单元和智能处理单元,卫星就能自主完成实时观测和处理任务。

图13　卫星红外线图像

人造卫星的用途也十分广泛,它可以找到中国所有的山峰,并使用算法来计算山峰数量或评估每座山峰的绿化程度。它也可以搭载各种智能应用程序,将其应用于森林火灾防控、水质监测、土壤墒情监测、病虫害监测等多种场景。甚至在它空闲的时候,还可以拍一张美美

改变世界的人工智能

的自拍照片。

现代人造卫星的功能已经超越了简单的拍摄和数据收集，朝着更加复杂的任务方向发展。人工智能为人造卫星提供了更高效、更可靠的运行模式，推动了卫星技术的不断发展和进步。这些卫星能够满足不断增长的航天科技发展需求，为人类提供更多、更精确的信息和服务。

➡➡火星探测——探索宇宙的先锋官

火星，这颗神秘的红色行星，一直是人类探索宇宙的焦点之一。其奇特的地貌、潜在的水资源及可能存在生命的迹象，吸引着科学家的持续关注和好奇心。作为探索这一未知世界的先锋，火星探测肩负着重大的使命和挑战。

随着科技的不断进步，火星探测已经成为国际航天组织和科研机构的重要议题，吸引了全球顶尖科学家和工程师的参与。目前，火星探测主要依赖于多种先进的探测器，包括轨道飞行器、着陆器和漫游车。这些航天器各自承担不同的任务和功能，共同推进火星探测的整体进程。图14为"天问一号"火星着陆器和"祝融号"火星车模型。

图 14 "天问一号"火星着陆器和"祝融号"火星车模型

火星的地形复杂多变,其表面(图 15)覆盖着许多沙丘、岩石和峭壁。这对探测器的导航和行驶提出了极大的挑战。在火星地形的识别与导航中,人工智能扮演着

图 15 火星表面

关键角色。利用人工智能中的图像识别技术，探测器能够自动识别和分析所处地形的特征，从而规划最佳的行驶路线。这可以帮助探测器避开潜在的障碍物，如陡峭的悬崖或大型岩石，以确保其安全地移动并有效地执行任务。这种自主导航系统使得探测器能够在火星表面进行长时间的探索，收集大量的数据，为科学家提供更多关于火星地貌和环境的信息。

人工智能还能辅助探测器对收集到的样本进行初步分析。通过内置的分析工具，探测器可以快速评估样本的成分，进而决定是否需要从相同地点采集更多样本，或者重点关注某些特殊样本。例如，2022 年 5 月，我国科研团队利用"祝融号"火星车获取的数据，在地质年代较年轻的"祝融号"火星车着陆区发现了水活动迹象，表明火星该区域可能含有大量以含水矿物形式存在的可利用水。

通信延迟是火星探测任务中的另一个挑战，这是导致地面指挥中心无法实时控制探测器的"罪魁祸首"。与嫦娥探月任务相比，火星探测的通信延迟更加严重，地球到月球的通信延迟仅为 1 秒多，而地球到火星的通信延迟可达 10 分钟。不仅如此，当太阳、探测器、地球处于一条直线时，通信将中断，这被称为"日凌"现象（图 16）。在这种情况下，人工智能在管理和优化数据传输过程中起到了强大的作用。由于太空通信的带宽非常有限，这就需要系统自主决定在何时发送何种数据。例如，系统会根据任务的优先级、数据的重要性和当前的通信状态，智能地安排数据的发送顺序。优先级较高的科学数据，如关键的气候变化记录或潜在生命迹象的证据，会被优先发送回地球。

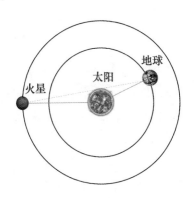

图 16　火星日凌现象

在这广袤的宇宙中，人类与人工智能并肩前行。无论是人造卫星还是火星探索，人工智能都在发挥着越来越重要的作用。人工智能可以辅助我们处理太空探索中的各种挑战，让我们能更深入地探索宇宙的奥秘。

亲爱的读者，相信你已经初步领略了人工智能的广

泛应用和其所带来的深远影响，然而这只是浩瀚的星空中的一颗闪耀星辰。那么，接下来让我们一同揭开人工智能的神秘面纱，深入探索其背后隐藏的奥秘！

探索人工智能的奥秘

智能之士，不学不成，不问不知。

——王充

扫脸支付让我们出行不再需要携带现金，购物越来越方便；智慧医疗减轻了医生的负担，也让患者能够更快地得到诊断；智慧矿山让工人不再那么劳累，还保证了他们的人身安全。这些人工智能让我们的生活变得更加美好，也推动了人类的发展和进步。

你是否对这些人工智能背后的原理有所好奇，希望知晓实现它们的方法？那就让我们一起走进新朋友小智的生活，去探索人工智能世界背后的奥秘吧！

▶▶人类与人工智能的奇幻对话——大语言模型

某天，小智要参加一个征文比赛。但是关于征文主题，他没有任何头绪。他想起了一个之前听说过的神奇工具——大语言模型。他给大语言模型输入了一些关键词和作文主题，于是大语言模型生成了一个符合要求且引人入胜的开头。小智顿时觉得灵感涌现，开始了自己的写作。写作完成后，小智将自己的作文输入到大语言模型中，希望获得一些写作建议和反馈。在大语言模型的帮助下，文章中不合理的句子结构和错别字得到了纠正，同时文章也增添了许多特色。

大语言模型就像我们的助手一样，能帮助我们减轻许多负担。它究竟是怎么做到的呢？接下来就让我们来探索大语言模型的秘密吧！

➡➡探索模型之谜——大语言模型的奇妙之旅

大语言模型（Large Language Model，LLM），也称大型语言模型，是一种人工智能模型，旨在理解和生成人类语言。大语言模型是一个非常聪明的语言专家，它通过学习大量的文本资料，掌握了很多关于语言的规律和知识。它有着非常强大的"记忆力"，能够根据输入的文字，理解上下文，并用正确的语法和语义生成答复内容。它的强大之处在于它可以从大量的训练数据中学习，并且在遇到新的问题时，能够运用自己已有的知识和理解能力进行处理。

那么大语言模型究竟有多大呢？以 GPT-3 为例，GPT-3 有 45 TB 的训练数据。45 TB 的训练数据是什么概念呢？整个维基百科的数据只相当于大语言模型训练数据的 0.6%。在训练过程中，我们把训练数据称作语料，即语言材料。这种规模的语料几乎浓缩了人类所有语言文明的精华，是一个非常庞大的数据库。

经过大量的学习后，大语言模型产生了一些难以解释的变化。即当数据量超过某个临界点时，大语言模型实现了显著的性能提升，并出现了小模型中不存在的能力。在这种量变转为质变的过程中，各大人工智能巨头不断提高训练参数量，以期达到更好的效果。

❖❖大语言模型的发展历程

大语言模型的发展主要经历三个阶段，包括基础模型阶段、能力探索阶段和突破发展阶段。

基础模型阶段主要集中于 2018 年至 2021 年。2017 年，阿希什·瓦斯瓦尼（Ashish Vaswani）等人提出了 Trans-

former 模型，在机器翻译任务上取得了突破性进展。2018 年，谷歌公司和美国人工智能研究公司分别提出了 BERT 和 GPT-1 模型，开启了预训练语言模型时代。

能力探索阶段主要集中于 2019 年至 2022 年。由于大语言模型很难针对特定任务进行微调，研究人员开始探索在不针对单一任务进行微调的情况下如何能够发挥大语言模型的能力。

突破发展阶段以 2022 年 11 月 ChatGPT 的发布为起点。ChatGPT 利用一个大语言模型就可以实现问题回答、文稿撰写、代码生成、数学解题等过去自然语言处理系统需要大量小模型定制开发才能分别实现的能力。它在开放领域问答、各类自然语言生成式任务以及上下文理解上所展现出来的能力远超大多数人的想象。2023 年 3 月，GPT-4 发布。相较于上一代，GPT-4 又有了非常明显的进步，并具备了多模态理解能力。2024 年 2 月，Sora 发布。Sora 从文本、图像迈向视频大模型，是视频生成领域的一次重大飞跃。同时视频模型的训练和推理需求预计比文本、图像又增加一个维度，将拉动 AI 芯片需求持续增长。

❖❖大语言模型的特点

训练大语言模型通常需要向其提供大量的文本数据。大语言模型利用这些数据来学习人类语言的结构、语法和语义。这个过程通常是使用自我监督学习的技术来完成的。在自我监督学习中,大语言模型通过预测序列中的下一个词或标记,为输入的数据生成自己的标签,并给出之前的词。最后通过奖励建模和强化学习进一步进行模型微调,从而得到训练结果(图 17)。

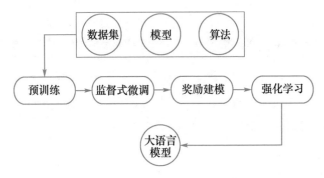

图 17　大语言模型训练过程

大语言模型经过训练后,具备了以下特点:

• 理解上下文

大语言模型通过对输入文本中的上下文信息进行学习和理解,从而更好地对语言进行处理。

• 遵循指令

大语言模型在生成文本时，尽可能遵循给定的指令或约束。

• 循序渐进地推理

小语言模型通常很难解决涉及多个推理步骤的复杂任务。大语言模型的循序渐进地推理是指在使用大语言模型进行任务处理时，逐步增加指令或约束的过程，通过利用涉及中间推理步骤的提示机制，以引导模型生成符合预期的文本输出。

➡➡行至创作的边界——大语言模型的尖端技术

大语言模型之所以能实现如此神奇的功能，离不开它内部的尖端技术。其中，生成式 AI 和 Transformer 模型发挥着重要的作用，

✤✤生成式 AI

ChatGPT 之所以能够取得如此大的成果，原因就在于它"能说会道"。当然并不是所有人工智能都具有"能说会道"的能力，这种"能说会道"的人工智能通常被称为生成式 AI，即生成式人工智能。

你一定会问，到底什么是生成式 AI 呢？接下来我将

用一个例子来为你说明。

假设你现在是一位人民教师，你向两名学生询问了同一个问题："如果你在森林里迷路了，你会怎么做？"

第一个学生抢答说："我会沿着树林的边缘一直走，直到找到出路。"

第二个学生则给出了一个更细致的答案："一开始迷路时，我可能会感到十分害怕。但冷静下来后，我会开始整理思绪，先通过携带的指南针来确定方向，再尝试寻找之前留意的明显地标，如一条小溪或一棵高大的松树。之后，我会记下这些地标，并试图按照地标和指南针的指引往回走。最终，我会找到一条熟悉的小路，沿着它走回营地。"

好了，接下来我就要为你揭开谜底了。如果 AI 回答问题的方式和第一个学生一样，那么它就是理解式 AI。理解式 AI 的特点是只能根据已知的规则和指令做出选择。而如果 AI 回答问题的方式和第二个学生一样，那么它就是生成式 AI。生成式 AI 的特点是可以理解问题的背景和情境，并根据已有的经验和知识做出推理，从而自主地构建一个完整的答案。

二者最大的区别就是：生成式 AI 的主要目标是通过

学习数据的概率分布模型，生成全新的数据样本；理解式
AI的主要目标是对输入数据进行理解、分析和推理，以
获取对数据含义和语义的深层次理解。

生成式 AI 的表现特点及体现见表1。

表 1　生成式 AI 的表现特点及体现

表现特点	体现
创造性	从已有数据创造新的数据
多样性	创造出的数据多种多样
前瞻性	可以对未来的数据进行预测
适应性	能适应输入数据中的噪声和污染

生成式 AI 在多个领域都有应用，例如图像生成、音
乐生成、文本生成等。生成式 AI 的发展为人们提供了创
造和探索新数据的能力，也激发了人们对机器智能创造
力的研究和发展。然而，生成式 AI 也面临着一些挑战，
例如，生成的数据可能缺乏真实性，难以控制生成结果
等，因此对于生成式 AI 的应用需要仔细权衡和管理。

❖❖Transformer 模型

Transformer 模型是一种基于注意力机制的神经网
络架构，最初用于自然语言处理任务。它在 2017 年被提出时就引起了学者广泛的关注。越来越多的人将它应用到不同领域，帮助计算机更好地理解和处理语言。

Transformer 模型的核心是注意力机制。它可以让计算机知道每个字词在句子中的重要性，以及与其他字词之间的联系，使得计算机可以把注意力放在最重要的部分，更好地理解句子的含义。

Transformer 模型的另一个优点是它可以并行处理数据。这意味着计算机可以同时处理多个字词，而不是一个一个地处理，从而提高了处理速度。

假设你想让计算机将一句中文翻译成英语，传统的方法需要逐字逐词地处理句子，但 Transformer 模型不同。它能够一次性地看到整个句子，捕捉到远距离字词之间的关系，并理解每个字词与其他字词之间的关系。

图 18 是 Transformer 模型翻译过程的一个例子，计算机首先会将输入信息通过编码器转换为编码信息，再将编码信息转发到解码器，解码器对编码信息并行处理，从而得到最终输出信息。

因为 Transformer 模型具有强大的理解能力和广泛的适用性，所以它不仅被用于机器翻译，还在文本摘要、对话系统和语言生成等领域取得了重大突破。它就像是

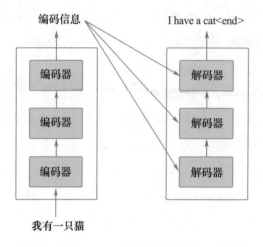

图 18　Transformer 模型翻译过程的一个例子

一种理解和处理语言的"魔法工具"，让计算机能够与我们更自然地交流。

➡➡舞台上的明星——多才多艺的大语言模型

因为大语言模型具有强大的表达能力和泛化能力，所以它的应用领域十分广泛。它常常被应用于各种自然语言处理任务。随着多模态的发展，它也在绘画、视频和影像等领域渐渐发挥着重要的作用。

✤✤ChatGPT

ChatGPT 是一种基于 Transformer 模型架构的语言

模型,专门用于进行对话式交互,是大语言模型应用的典型代表。ChatGPT 的出现掀起了一场全球的人工智能竞赛风波。

ChatGPT 的首次亮相就是它可以自如地和我们进行对话。通过使用大规模的对话数据进行训练,ChatGPT 可以学习对话的语言模式和上下文信息,并能够根据用户的输入生成相关的回复。此外,ChatGPT 可以对用户提出的问题提供准确的回答。ChatGPT 能够理解问题的含义,并在其预训练的知识库中查找相关信息来生成答案。

在 ChatGPT 强大的泛化能力的影响下,它在其他方面也发挥着独特的作用。它可以根据用户的偏好和个性进行定制化交互。通过在对话中引入用户的特定信息,ChatGPT 可以根据用户的兴趣、需求和历史交互内容来调整回复的风格和内容。同时,ChatGPT 可以集成到各种应用中,例如聊天软件、社交媒体平台和智能音箱等。通过对现有的应用和服务进行整合,ChatGPT 可以为用户提供更智能、更自然的对话体验,并提供有针对性的帮助和支持,图 19 是用户与ChatGPT 对话的一个例子。

HA 1+1在什么情况下不等于2?

在标准的数学运算中，1+1等于2。然而，有一些特殊情况下，可能会出现1+1不等于2的情况，这些情况包括：

1. 进位溢出：在一些计算机系统中，使用固定位数表示数字，当两个较大的数字相加时，可能会发生进位溢出。例如，在一个仅有一位的二进制系统中，1+1的结果会是0，因为进位溢出。

2. 非标准的数学定义：在某些非标准的数学体系或代数结构中，可能存在不同的定义或规则，使得1+1的结果不等于2。这些非标准的体系在特定的数学研究领域中可能有具体应用，但在标准数学中并不适用。

总体而言，在标准的数学运算和常规环境中，1+1通常等于2。但在某些特殊情况下，可能会有其他结果。

图19 用户与ChatGPT对话的一个例子

❖❖❖Sora

Sora 是 AI 研究机构 OpenAI 发布的一款从文本到视频的生成模型。Sora 可以根据描述性的文本提示生成高质量的视频，也可以根据已有的视频，向前或向后延伸，生成更长的视频。

Sora 的诞生为电影制作、视频游戏开发和其他形式的娱乐提供了前所未有的创新可能性。它能够生成定制化的视频内容，这为故事的形象叙述和营造生动的视觉效果等领域带来革命性的变化。

Sora 也可以用来制作教学视频，根据学生的需要定制内容，使学习体验更加个性化，更好地和学生进行互动，以提高学生的学习热情。此外，Sora 能够根据品牌的需求生成吸引人的广告视频，大大降低内容创作的成本和时间，同时提高广告的创意和个性化水平。

对于内容创作者来说，Sora 则提供了一种快速、高效创建高质量视频内容的方法，可以提高创作者的创作效率以及促使创作者产生灵感。这推动了自媒体领域的发展，促进了更多优质作品的诞生。图 20 是 Sora 根据提示生成的视频截图。

图 20　Sora 根据提示生成的视频截图

▶▶推动数据的引擎——知识工程

在一次阅读课上，小智来到了学校里新落成的知识工程图书馆。面对着馆内琳琅满目的藏书和电子资源，他一时竟不知道该看什么，更找不到方向。"小智，来试试这个终端机，它连接着图书馆的知识系统，能帮你找到想要的东西哦。"朋友招呼他过来并演示了操作方法。小智也照猫画虎地输入了自己的年龄、平时喜欢的书等信息。果然屏幕上出现了小智上次想买但没下单的书籍，还有许多相关的电子资源，甚至还告诉小智当这部分知识有问题时可以问他的生物老师！"有这样的帮手，我就不再担心想学的东西找不到方向了！"小智暗暗想道。在阅读课结束后，他立刻奔向了生物老师的办公室。

为什么知识工程图书馆里的终端机能精准地预测小智的需求，还能推荐给他这么多有用的信息呢？相信你也有很多疑问，现在就让我们一起来认识知识工程吧！

➡➡**怎样记忆更高效？——初识知识工程**

在"初识人工智能"这一部分内容中，我们提到人工智能的三大要素分别是数据、算法和算力。从生活中也能发现，没有相关的知识是很难认识和理解一个事物的。学习能够获取新知识，构建知识的逻辑结构，掌握新的思维方式，并帮助我们解决问题。人工智能也一样。为了让人工智能也像人一样思考，科学家首先研究出了机器学习算法。但人工智能还需要拥有并存储丰富的知识，并且能够熟练地运用这些知识，才能回答各种问题、满足不同的需求。为了解决这个问题，科学家提出了知识工程这个概念。知识工程用来解决在如人工智能一类基于知识的系统中，从获取、处理到应用和维护知识的所有环节中产生的问题。

❖❖❖知识工程的发展历程

知识工程的发展历程主要分为三个阶段。第一阶段从 1968 年爱德华·费根鲍姆和他的团队研发出了全球第一个专家系统 DENDRAL 开始，此时知识工程主要围绕专家系统展开。专家系统是通过人工的方式将某个领域的专业性知识收集整理并存储，利用代码模拟人类思维，进一步解决该专业领域的问题。DENDRAL 就是一个根据输入的质谱仪检测结果，列出物质可能的分子结构的专家系统。此时的知识系统是小规模、人工化、局限于专业领域内的知识工程。

第二阶段从 1984 年道格·莱纳特（Doug Lenat）开发 CYC 大型知识库开始，以大规模知识工程为主。CYC 大型知识库力求建立人类最大的常识知识库，即知识库内的知识关注于描述现实世界中的常识，例如"每棵树都是植物""植物有自己的生长周期"，而不是专业领域中的特定问题求解。如果能建立这样的常识知识库，它服务的对象也就能从专业人士转向普通人，人们日常生活中遇到的问题都可以在这样的数据库中得到解答。

第三阶段从 2010 年开始。在这一时期知识工程与大数据结合，各大科技公司开始建立超大规模的知识工程应用。而标志性模型是2012年谷歌公司提出的知识图谱项目，并且谷歌公司成功将其应用于谷歌搜索引擎，极大提升了搜索引擎的性能。这一阶段的知识工程项目以超大规模、跨领域为主要特点，利用大数据为知识图谱提供海量的数据来源，同时深度学习自然语言处理以及其他相关技术使这些数据能够真正产生价值。现在很多搜索引擎都使用了知识图谱技术，提高了搜索时的效率。

❖❖❖知识工程的特点

在信息爆炸的今天，我们急需一个能够自动化、智能化处理海量信息并合理使用的技术，知识工程解决了这一问题。它还能够提供智能化的决策支持和各种个性化的服务，推动各种其他应用和系统的智能化发展。现在诸多人工智能相关应用技术都是基于深度学习模型，而这就需要大量的数据做支撑。有了知识工程做后盾，人工智能的各种模型才不是无源之水、无本之木。

➡➡为什么能猜到我的心思？——知识工程的基本技术

知识工程中的技术很多，目标也各不相同。在本节我们将了解知识表示、知识抽取和知识推理三项技术所使用的具有代表性的方法。而这三项技术也对应了人类

使用知识的主要环节：记忆知识、学习知识和使用知识。

❖❖❖ 知识表示

知识表示指知识在计算机中存储的形式。在人类的大脑中，知识可能是碎片化的，可能是一条一条的，也可能是由逻辑关系串联起来的。而对于人工智能，根据使用场景和需求的不同，在实际项目中也会选择不同的知识表示方法。

在计算机中，存储数据的方法有很多。例如，打开记事本输入文字，这也算是一种存储数据的方法，但这不适合计算机程序使用，只能由人们去阅读和理解。为了让计算机程序使用数据更方便，程序员开发了数据库。在大多数数据库中，数据存放在一个个表格中，数据间又遵循关系的约束。例如，我们要存储学校中的信息，那么就要有两个表格来分别存储学生和老师的个人信息，而学生与老师之间会通过代课老师或班主任等关系联系起来。这样存储数据的优点在于：首先，每个表格中的数据拥有逻辑；其次，对于例如"查询某位老师所教过的学生"等需求能更容易实现。

但是这些方法在人工智能时代出现了新的问题：它们都不能很好地描述人工智能需要处理的海量的、规律性差的数据。所以人们又进一步研发了知识表示的相关方法：产生式规则、语义网络和知识图谱。

产生式规则通过规则推理来描述知识。人类通过一系列例如"偏大的、外皮硬硬的、有绿黑色纹路的水果是西瓜"这样的规则的组合使用，实现分类、推理等目标。在计算机中同理，只要计算机拥有足够多的规则，就能实现类似的效果。如果计算机拥有足够多的相关领域的规则，就可以描述知识，并且能够进行推理和其他应用。例如，关于动物分类的产生式规则如图 21 所示，通过这十五条规则，描述了对部分动物的分类方法。如果需要分类动物，组合使用这十五条规则，就能完成分类任务。

相比于逻辑严密的产生式规则，还存在另一类型的表达形式：语义网络。语义网络是以概念和事物作为节点、以它们间的关系作为边，将知识连成图的表达形式。这种形式类似于生活中使用的思维导图。

图 22 是一个用于描述葡萄的语义网络。它的特点是自然，易于被人类理解，使用起来也足够方便。但逻辑上不够严格，并没有一个明确的分类方式，同时检索也不够方便快捷。

R1：动物有毛→哺乳类

R2：动物产奶→哺乳类

R3：动物有羽毛→鸟类

R4：动物会飞∧会下蛋→鸟类

R5：哺乳类∧动物吃肉→食肉类

R6：动物有犬齿∧有爪∧眼盯前方→肉食类

R7：哺乳类∧有蹄→蹄类动物

R8：哺乳类∧反刍→蹄类

R9：食肉类∧黄褐色∧有斑点→金钱豹

R10：食肉类∧黄褐色∧有黑色条纹→虎

R11：蹄类∧长脖∧长腿∧有斑点→长颈鹿

R12：蹄类∧有黑色条纹→斑马

R13：鸟类∧长脖∧长腿∧不会飞→驼鸟

R14：鸟类∧会游泳∧黑白二色∧不会飞→企鹅

R15：鸟类∧善飞→信天翁

图21 关于动物分类的产生式规则

无论是产生式规则还是语义网络，都有其局限性：规模小，局限于一定的专业领域，不能够检索跨领域的部分。现在的大数据时代要求我们能组织和处理超大规模的数据，同时能够协调多个领域的知识。于是，知识图谱技术诞生了。简单来说，知识图谱是一种超大规模的语义网络，而正是其巨大的规模使其能够全面理解不同的

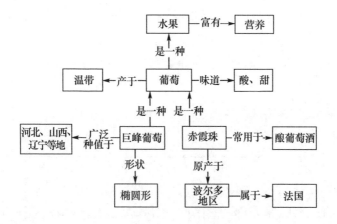

图 22　用于描述葡萄的语义网络

概念。这种大规模跨领域的知识图谱是较为适配大数据时代的知识表示方式。

❖❖❖知识抽取

　　如果要建立一个拥有数亿个点、数百万个边的知识图谱,完全依靠人工来构建是不现实的,必须引入自动化构建方法——知识抽取。

　　无论建立知识图谱,还是建立其他模型,都需要大量的数据作为支撑。在早期它们可能只是某个专业领域中整理好的、一条一条的数据,但大数据时代中,数量最大、最容易获取的数据是用人类语言描述的文本。图 23 上

半部分是一段描述万里长城的文本，下半部分是知识抽取的部分结果。可以看到上半部分文本虽然存在许多关系，但不清晰、不利于计算机分门别类地存储和使用。而下半部分表格中左右两侧的信息能够由中间部分的信息联系起来，相对上半部分，结构更清晰。我们将图 23 中

> 长城是古代中国在不同时期为抵御塞北游牧部落联盟侵袭而修筑的规模浩大的军事工程，长城东西绵延上万华里，因此又称作万里长城。现存的长城遗迹主要为始建于 14 世纪的明长城，西起嘉峪关，东至辽东虎山，全长8851.8 千米，平均高 6~7 米，宽 4~5 米。长城是中国古代劳动人民创造的伟大的奇迹，是中国悠久历史的见证。它与天安门、兵马俑一起被世人视为中国的象征。同时，长城于 1987 年 12 月被列为世界文化遗产。

万里长城	建造国家	中国
万里长城	建造目的	抵御塞北游牧部落联盟侵袭
万里长城	起点	嘉峪关
万里长城	终点	辽东虎山
万里长城	长度	8 851.8 千米
万里长城	地位	中国的象征

图 23　知识抽取的典型例子

上半部分的文本称为非结构化数据，下半部分表格称为半结构化数据。如果将下半部分表格中的数据放入具有严格分类关系的数据库中，就变成了结构化数据。知识抽取的任务就是自动化地从不同结构的数据中识别信息并转化成结构化的数据。

✥✥✥ 知识推理

知识推理是在知识图谱建立中和建立后用于补全模型的技术。推理是指从已知的前提推断出新结论的过程。同理，知识工程中的知识推理主要依据现有的关系推断出未知的关系，以此补全、完善知识结构，也能够检测知识图谱的质量，避免不同文本提取出的信息的冲突。

举例来说，当我们有这样两个关系："甲的父亲是乙""丙是乙的儿子"时，那么就有较大的把握推理出"甲和丙是兄弟"这样一条新关系。在建立知识图谱等结构时，由于数据并不可能绝对正确和绝对完善，建立的知识图谱一定有缺漏和冲突的部分，而知识推理能够补全这些缺陷。

➡➡ 来玩传话游戏吧——跃动在知识的海洋

在深度学习模型成为主流的今天，没有海量的数据是寸步难行的，知识工程也是许许多多人工智能项目的

探索人工智能的奥秘

基础。下面我们将介绍知识工程在搜索引擎、智能推荐和自然语言问答三个领域的应用情况。

✥✥ 搜索引擎

在搜索引擎中，知识工程主要的应用为协助组织数据，理解搜索意图，以图形化或其他更优的方式展现结果。当用户在搜索引擎中输入一个问题，系统首先会分析其意图。有时用户希望找到一个网址，有时用户想要相关的信息，有时用户需要一些相关活动的推荐，例如找到商品的购买链接，等等。准确分析意图后，搜索引擎会在知识图谱中查找目标和相关内容。此时的目标很可能不止一个，搜索到的结果也很多。此时需要排序，将结果分类整理并有序地展示给用户（图24），这也是最关键的一步。

✥✥ 智能推荐

现在短视频推荐、网络购物平台推荐等功能都在引入知识图谱等知识工程技术来优化其效果。例如，当你在网络购物平台上搜索"沙滩裤""防晒霜"，网络购物平台会认为你要去海边玩，这时候它会推荐"泳衣""帐篷"等沙滩用具，这属于场景化推荐；网络购物平台可能会推送附近海滩的游玩评价，这属于跨领域推荐；网络购

图 24　搜索引擎的推荐功能

物平台可能会推荐防晒霜的使用方法，这属于知识型内容推荐。而如果你是一个新用户，在没有你的过往数据情况下也能做出这些推荐，这属于借助其他知识及外部

知识实现的冷启动推荐。这些推荐模式尤其是跨领域推荐和冷启动推荐，都是过去仅根据用户行为进行统计的推荐方式所不具备的。

❖❖❖ 自然语言问答

知识工程是认知智能的重要一环，只有拥有足量的知识并将其组织起来，才能让人工智能准确地认知世界。而拥有和人类思维结构相似且规模足够庞大的知识图谱，人工智能在自然语言问答中才能如虎添翼。具体来说，面对一个用自然语言表示的问题，知识工程能够帮助人工智能对其进行更优的分析，以及在分析完毕后，能够在知识库中查找更多、更优的候选答案，最后基于推荐机制返回结果。

目前，自然语言问答主要应用在智能客服、语音助手、大语言模型等领域，力求增强后台知识储备量和提高知识处理速度和效果，协助理解用户的需求。一些网络购物平台也会引入智能客服（图25），通信运营商的服务电话也会默认导向智能客服来处理简单需求。这些做法都能帮助商家降低成本、提高效率。优化语音助手时，知识工程的作用同样是帮助人工智能理解用户说出的话，以及在提交回答时进行优化。

图 25　未来智能客服将会越来越多

▶▶用透镜代替人眼——计算机视觉

　　放学了,小智和同学们结伴走出校门。在校门口,他发现除了一直以来和蔼的警卫叔叔,还新增加了带着屏幕的闸机。"这是学校新安装的人脸识别门禁,只有咱们学校的人员和登记过的人才能进出。"警卫叔叔解释道。回家路上,小智和朋友还在路边发现了一些好看的花朵,却不知道名字。以前只能将花朵摘回家拿给爸爸妈妈分辨,现在只需要拿出手机拍照识物,很快就能知道花朵的名字,再也不需要伤害这些花朵了。

　　让计算机看见世界,只有摄像头还远远不够,更要有

计算机视觉技术支撑。就让我们一起了解计算机视觉都有什么特别之处吧！

➡➡人工智能也能看到我？——推开计算机视觉的大门

顾名思义，计算机视觉是让计算机拥有视觉的技术，研究如何让计算机能够理解图像和视频中的信息并转化成所需的格式，比如信号、文本和其他图片、视频。在实际生活中，计算机视觉能够在安防中识别摄像头拍到的脸属于哪个人，在驾驶中辅助驾驶员做出判断，等等。

人类天生拥有视觉能力。婴儿虽然不能理解看到的橙色球体是橘子、红色球体是苹果，但也能够从画面的背景中分辨出这两个球体，并且知道它们是不同的物体。然而计算机要达到这样的程度是非常困难的。经过几十年的研发，现在的人工智能已经能够看到物体并分辨、理解其含义，能够将其转化成文本信息，甚至生成更多的图片。

❖❖计算机视觉的发展历程

根据主要使用的技术，计算机视觉的发展历程可分为四个阶段。从 20 世纪 50 年代到 20 世纪 70 年代，计算机视觉处于起步阶段。这一时期研究人员开始尝试将图像和模式识别技术与计算机结合起来，进而解决如字符识别、手写字体识别等简单的问题。

20 世纪 70 年代至 20 世纪 90 年代,出现了基于特征的方法和基于模型的方法。例如,边缘检测、角点检测等基于特征的方法期望通过提取图像中的局部特征来辅助识别;模板匹配、模板拟合等基于模型的方法主要用于图像分割和物体识别。在这一阶段,英国著名的心理学家和神经科学家大卫·马尔(David Marr)提出了层次化三维重建框架,即从二维图像恢复为三维物体,需要经过图像初始略图、物体 2.5 维描述到物体 3 维描述这三个步骤。这一框架至今仍是计算机视觉中的主流。

20 世纪 90 年代到 21 世纪初则是统计学习的时代。伴随着统计学习方法的兴起,计算机视觉领域开始被支持向量机、隐马尔可夫模型等概率论和统计学习方法占领。

从 21 世纪初到今天,计算机视觉领域的主流方法则是深度学习。如卷积神经网络、循环神经网络等深度学习模型无论在图像分类、目标检测还是图像分割等任务中都取得了显著的成果。在 2012 年 9 月 30 日举行的 ImageNet 图像识别比赛中,基于卷积神经网络的 Alex-Net 模型将识别错误率从 25％降低到了 16％。而在

2016 年的 ImageNet 图像识别比赛中，微软公司的 Res-Net 模型的识别效果第一次超过人类的平均水平。

✤✤计算机视觉的特点

视觉是人类最重要的感觉。根据不同的需求，人类大脑会对同样的画面做不同的处理，计算机视觉技术也一样。根据需求和最终输出的结果，计算机视觉任务可以被归为不同的类型：判断图片中是否含有某种物体（对象分类）；定位图像在图片的位置（对象定位）；在不预先设置需求的情况下，判断图像中有哪些元素并大致进行定位（对象检测）；在像素级别的精度下，将一张图片的各个元素检测并分割开（图像分割）；将图片的含义用文字形式表达（图像标注）；通过不同角度的图片和其他传感器，在计算机中建立场景的三维模型（三维场景重建）；等等。图 26 和图 27 分别为图像分类和对象检测的效果图。对于一张存在瓶子、杯子和方块的图片，图 26 为图像分类结果，只能给图片添加标签，图片内存在瓶子、杯子和方块。图 27 为对象检测的结果，不仅找出了图片包含的标签，还为每个标签提供了对应物品的位置。

➡➡电子眼如何看到自然人？——实现计算机视觉的方法

根据应用场景不同，使用的计算机视觉也有很大

图 26　图像分类效果图

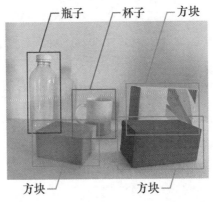

图 27　对象检测效果图

不同。下面将介绍计算机视觉中最基础的技术：图像分类，以及由它进一步衍生出的目标检测与立体视觉。

探索人工智能的奥秘

❖❖ 图像分类

图像分类就是给定一张图片，根据特定的规则对它进行分类和选择标签。例如，给定一百张猫或狗的照片，能够快速、准确地将其区分，并保证错误率在可接受的范围内。在实现计算机视觉的主要任务中，图像分类是最基础的内容，也是完成其他任务的基础。

图像分类的主要流程为图像预处理、特征提取、分类。对于一张需要分类的图片，通常只需要关注其最主要的元素。故首先通过算法将无关信息和拍摄、传输中出现的噪点等缺陷去掉，这一步即图像预处理。然后，进行特征提取。特征提取是将处理过的图片通过规则分类寻找出显著的特征，这些特征将指向最终的分类方向。例如，给定一张猫的图片，其特征可能是耳朵和鼻子的形状、是否具有胡须等。与原始的图片相比，这些提取出的特征要更结构化、更易被计算机使用。最后，对于这些纯粹的数据，使用训练过的分类器分类，实现对图片的分类。图 28 为一个简单的图像识别模型训练流程图。

最早的图像分类只有二分类，例如判断一张图片是猫或不是猫。随着需求的发展，逐渐出现判断是猫、狗、猪还是羊的多类分类，此时一张图片还只有"种

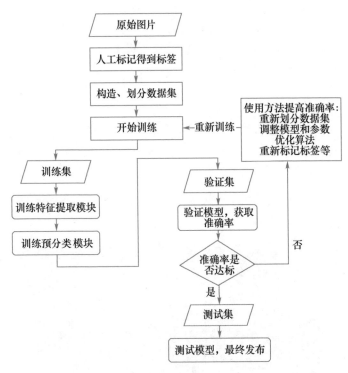

图 28　一个简单的图像识别模型训练流程图

类"这一个标签。现在的任务多是如判断"是猫""是狗""是羊""是雄性""是雌性"的多标签多分类任务，一张图片会拥有多个标签，这对图像分类提出了更高的要求。

✤✤**目标检测**

和图像分类不同，目标检测不仅要识别出图像中的各个元素，还要标注其位置。

目标检测的主要流程为区域选择、特征提取、分类回归。例如从图 29 这样的监控图中找到所有存在的车辆，首先需要大致划分可能存在车辆的区域；然后分别切开每个区域并导入后续算法，进一步分割、识别、合并，明确各个区域内存在的元素情况；最后将各个区域的识别结果合并，得出对整张图片分块的识别结果。

图 29　目标检测输出结果

✤✤**立体视觉**

前面介绍的计算机视觉都是从一张图片中识别和获

取信息,但自然界中绝大多数生物都使用两只眼睛来认知三维结构。人感知到立体图形的基本原理是通过双眼视差和视觉融合机制,通过比对和匹配两只眼睛的图像,从而产生立体感知。立体视觉同样使用两个或更多摄像机来让计算机识别三维结构。

立体视觉的主要流程:首先固定项目中使用的摄像机,测算其间距、角度和高度等数据;然后根据测量结果对得到的图片进行校正,使两张图片处于同样的高度等初始位置;最后根据校正结果进行像素点的匹配,匹配后计算各点深度,得出不同深度下的图片(图 30)。

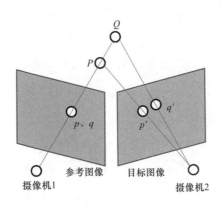

图 30　双摄像机实现立体视觉原理图

➡➡默默守护的安全卫士——人人都有"天眼通"

借助计算机视觉的帮助，我们能更快地分析大量复杂的图像，也能更方便地让脑海中的画面出现在现实中。下面将介绍安防监控、智能购物、图像生成与修复三种应用场景，体会能够识别图像的人工智能的神奇之处。

❖❖安防监控

在大数据时代，真正的瓶颈是从海量的数据中低成本地获取需要的信息。在安防领域，监控录像的信息（图31）是巨量的。若要在监控录像中找到某个指定的人，用人工筛选需要大量人员参与，耗时长，筛选中出错的可能性大。如果利用计算机视觉识别，只需要一个人配合几台计算机，工作一段时间就能高效地完成任务。目前计算机视觉通常被用在视频的人脸识别、行为监控和分析等场景中。

安防领域中的计算机视觉就在我们身边。一些门禁系统和手机解锁时会用到人脸识别，这些系统利用计算机视觉能快速而准确地识别人脸信息，保证用户安全使用。在分析监控录像时，同样可以利用计算机视觉辅助识别可能存在的危险行为，追踪可疑人员动向等。可以

图 31　安防监控实际场景示例

说在安防领域,计算机视觉极大地提高了效率,减轻了人的负担。

❖❖智能购物

随着经济的发展,人们对于穿衣打扮的需求变得更多样、更具体。如果想买到合身的、好看的衣服,过去人们需要去服装店里试穿,经过漫长的挑选后才能做出决定。现在利用计算机视觉,许多网络购物平台推出了虚拟试衣间功能。通过拍摄自身的照片或者利用虚拟模特,系统会将选中的衣物和用户的身体图像融合,达到虚拟试穿的效果。用户可以在屏幕上直观地看到自己穿着不同款式、颜色和尺码的衣物,了解衣物的外观和合身情况,更快地做出选择(图32)。

图 32　手机中的虚拟试衣间

　　在购物活动中，计算机视觉还有更多的应用。例如，在网上看到喜欢的商品却不知道商品名，可以截图上传到网络购物平台，然后识别出对应的信息；购买一件衣服之后，根据衣服的款式和颜色等，网络购物平台可以推荐其他配饰；等等。

❖❖图像生成与修复

　　计算机视觉不仅能让人工智能看到世界，还能绘制出更多作品。例如，在影视业，计算机视觉能帮助从业人员生成电影和电视剧中的特效，甚至生成一些演员在其

96

他年龄段的相貌。在近代历史研究中,受当时技术所限,很多图片和视频的清晰度和色彩都不尽如人意,这时可通过计算机视觉,利用插帧、合成等方法修复画面的细节,使它们看起来更清晰,色彩也能够从黑白变成彩色。

▶▶愿世上再无语言障碍——自然语言处理

一天早上醒来,小智突然发现自己发烧了。他想叫爸爸妈妈,但喉咙发出的声音沙哑又低沉,身上很难受,根本不想下床。"对了,还有智能助手小小智帮我!"小智一边想,一边费力地呼叫语音助手。"嘿,小小智!我发烧了,需要帮助!"小小智迅速回应:"你好,小智!请告诉我你需要什么帮助。"小智发现自己的声音非常微弱,几乎听不见。他慌了,只想赶紧见到爸爸妈妈。他艰难地说出家人的名字,小小智立刻明白了他的需求,给他们打了电话,并告知他们小智的情况,以及现在需要帮助。爸爸妈妈立即意识到情况严重,马上回家带小智去医院就诊。

如果没有智能助手,如果智能助手不能准确地识别小智的话,恐怕情况会严重得多。接下来我们就一起看看智能助手是怎么做到这些的吧!

➡➡让人工智能学会交流——一窥自然语言处理的奥妙

在 2010 年前后，使用搜索引擎需要先想好关键词，用空格分割开关键词进行查询，否则搜索引擎可能不能正确理解和分开各个关键词。而现在，只需要输入口语化的问题语句，就能在互联网上查到需要的信息。这就是自然语言处理技术的功劳。

自然语言处理技术致力于让计算机能够理解和处理人类的语言，最终让计算机能够自如地运用人类语言，处理涉及人类语言的各种任务。

❖❖自然语言处理的发展历程

自然语言处理的发展历程和计算机视觉相似，同样是伴随机器学习技术的发展而发展的。20 世纪 50 年代到 20 世纪 90 年代，自然语言处理处于早期阶段。这一时期自然语言处理主要基于人工设计的规则和语法知识，尝试通过分析自然语言的语法结构和语义信息来完成处理任务。这一时期出现了 SHRDLU 等基于知识工程的自然语言处理系统，能够理解简单的语句。1966 年，计算机学家约瑟夫·维森鲍姆（Joseph Weizenbaum）研发了 Eliza。这是一个模拟人类心理医生的程序，是自然语言处理领域最早的聊天机器人之一。

20 世纪 90 年代到 21 世纪初,伴随着统计学习方法的兴起,自然语言处理领域也开始使用基于数据驱动的方法。普林斯顿大学建立的名为 WordNet 的英语词汇数据库,为该时期的研究和分析提供了宝贵的词汇资源。

从 21 世纪初至今,自然语言处理领域引入了各种深度学习模型,包括循环神经网络、长短期记忆网络、注意机制和 Transformer 模型等。谷歌大脑(Google Brain)研究团队于 2016 年推出了谷歌神经机器翻译系统,使用人工神经网络改进翻译的流畅度和准确性,该系统也是深度学习技术在自然语言处理领域应用的重要里程碑之一。

❖❖❖ 自然语言处理的特点

自然语言处理的任务是让人工智能能够认知、理解、使用人类语言。在认知和理解语言部分,自然语言处理流程可以划分为分词、词性标注、句法分析、知识提取等(图 33)。在理解语言之后,就可以实现例如文本分类、机器翻译、文本生成等进一步的具体功能,让人工智能更像人类。

自然语言处理需要面对世界上众多不同的语言,而且语言间的结构和文法各不相同。同时不同人编写的文

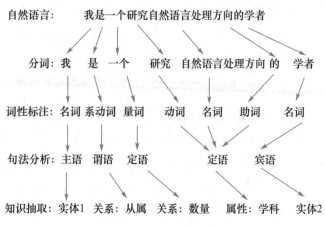

图 33　自然语言处理流程示意图

本细节也各不相同。这导致与其他人工智能领域相比，自然语言处理的任务更加多样、使用数据更加复杂。这也让自然语言处理成为人工智能中具有挑战性和重要意义的研究领域。

➡➡识字、遣词、造句——自然语言处理的关键技术

　　自然语言处理的技术几乎可以与人类使用语言的各个步骤一一对应。下面介绍最基础的分词技术、从句子层面理解语言的句法处理和更综合的语音识别技术。

❖❖❖ 分词技术

　　想要理解一个句子，首先要筛选出其中使用的词，才能进行后续包括词性、句法的分析和处理。例如"我一把把把把住了"这样的句子，如果是人来阅读，根据经验可以分割成"我""一把""把""把""把住""了"这样六个词，其中第一个单独的"把"是介词，描述目标；第二个单独的"把"是名词，描述车的把手。如何具备这样的分词能力，对人工智能是一个很大的挑战。

　　如果让人工智能来做分词，它们会使用这样的流程：首先对原始文本进行预处理，去除特殊字符等无意义信息。然后将文本分割成一个个单独的句子。接着才是对每个句子进行分词处理。分词时也有很多方法可以选择，例如构建一个常见的词库，内部包含词语、词性、出现频率等信息。然后基于预先定义的匹配规则，或者基于统计方法使用各种模型进行分词。当然也可以将不同的方法混合使用。分词结束之后对结果进行评估，如果效果不佳，可以调优后重新分词。图34就是对"我看到的确实是猫"使用的基于概率的分词技术概率图。如图34所示，找到尽可能多的分词情况后，计算不同情况的总概率，概率最大的即该句的分词结果。

探索人工智能的奥秘

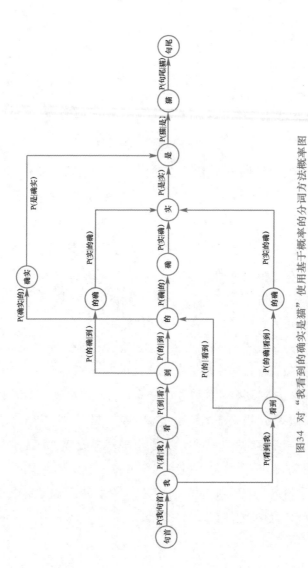

图3.4 对"我看到的确实是猫" 使用基于概率的分词方法概率图

❖❖句法处理

分析过词汇之后,就需要从句子的层面进行理解。句法处理旨在分析和理解句子的结构和语法规则,帮助计算机系统理解句子中单词之间的关系,主要包括理解短语结构、句法依存关系和句子成分。句法处理主要有四个步骤:短语结构分析、句法依存分析、语法角色标注和语法校正(图35)。

短语结构分析旨在识别句子中的短语和它们之间的层次结构关系。这种分析使用树形结构表示句子的语法结构,其中每个节点表示一个短语,而边表示短语之间的关系。

句法依存分析是指识别句子中单词之间的依存关系,即单词之间的修饰和控制关系。这种分析通常以依存关系树的形式呈现,其中每个单词被表示为节点,依存关系被表示为树的边。

语法角色标注是指识别句子中谓词与其相关论元之间的语法关系。谓词是表示动作或状态的动词,而论元是指与谓词相关的实体或概念。

探索人工智能的奥秘

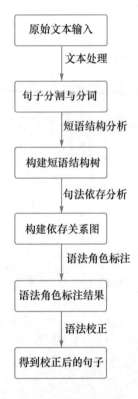

图 35　句法处理流程图

　　语法校正是指自动检测和修复句子中的语法错误。这项技术可以识别并纠正词法错误、句法错误和语法不连贯等问题，提升文本的质量和可读性。

❖❖❖语音识别

语音处理是自然语言处理技术的重要组成部分，旨在处理和理解语音信号，将其转化为可供计算机处理的文本或指令，以及将计算机的文本输出转化成语音的形式。语音处理主要包括语音识别、语音合成和情感识别，以及语音指纹识别和声纹识别等细分技术。

语音识别是将口述的语音信号转换为文本的过程。与前面的词汇识别一样，它使用基于机器学习的自动语音识别模型，通过识别语音中的音素、单词或句子，将其转化为相应的文本表示。主要流程包括声学特征提取、语音模型训练和解码。

图36是语音识别模型结构示意图。在语音识别中，首先从输入的语音信号中提取声学特征。提取声学特征的目的是捕捉语音信号的关键特征，用于后续的模型训练和解码。之后进行语音模型训练，使用标注好的语音数据、训练模型来预测语音信号中的文本内容。最后是解码过程，使用训练好的语音模型和声学特征，将语音信号映射到最有可能的文本序列。

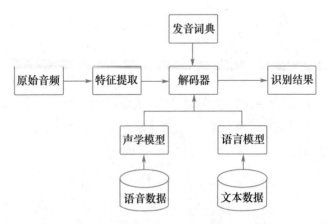

图 36 语音识别模型结构示意图

➡➡流觞曲水——与人工智能朋友吟诗作赋

借助自然语言处理技术，人工智能得以和人类自如地对话。下面介绍在日常生活中经常见到的智能助手，以及在新闻传媒领域使用的自动摘要和情感分析等应用情况。

❖❖智能助手

现在许多公司都在研发自己的语言助手，例如，苹果公司的 Siri、华为公司的小艺、百度公司的小度等。它们能够理解人的语言并做出回应，一方面是通过自然语言处理技术理解人类的指令和需求，另一方面是依靠自然语言处理技术来提升回复的质量。

目前的智能助手更偏向于控制功能，后台数据更多的是各种控制设备的操作，而不是和人聊天。所以在识别精准度上并没有过高的要求，只需要能识别出指令的关键词即可。更多的技术侧重点在于安防，也就是声纹识别的准确性。提高识别准确性能保证智能助手只能被各自的主人呼叫，避免意外触发等尴尬场景。

❖❖❖ 自动摘要

在互联网时代，无论是学生还是社会人士，每天都会面对大量的文本信息。通过自然语言处理技术，分析和选取文本中的关键信息并整合输出，用机器来生成摘要，能大幅减少办公和学习的成本。这项技术同样被应用在一些互联网新闻或社交平台，例如今日头条、百度百科、苹果新闻、谷歌新闻等，用于为新闻和其他内容快速添加摘要，便于读者观看和系统分类。表 2 为一条资讯的自动摘要示例。

表 2　一条资讯的自动摘要示例

类别	内容
原文	最新研究显示,规律的运动对保持心理健康至关重要。每周适量的运动可以缓解压力和焦虑,改善睡眠质量,提升身体素质。专家建议,人们应该每天保持 30 分钟的有氧运动,以维护身心健康
人类摘要	规律运动对心理健康很重要,适量运动可以缓解压力和焦虑,改善睡眠,提升身体素质。专家建议每天保持 30 分钟的有氧运动
机器摘要	定期锻炼对心理健康至关重要,每天 30 分钟的适度有氧运动有助于缓解压力、焦虑,改善睡眠和身体健康

❖❖❖情感分析

　　通过分析文本,可以识别文本内容中情感的倾向、强度和具体针对的对象。情感分析在许多领域都有广泛的应用,如图 37 所示。它可以用于社交媒体监测,帮助企业了解用户对产品或服务的反馈;在舆情分析中,它可以帮助政府或组织了解公众对特定话题的情感态度;在市场调研中,它可以帮助分析产品评论和用户反馈,为产品改进和营销决策提供依据。例如,通过分析人们在社交平台上的发言,能够更加有效地建立用户画像,还能够识别、分析某品牌的名声、投放广告的效果等。

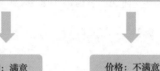

图 37　情感分析示例

▶▶人工智能与人类社会的化学反应——人机交互

一天早上，小智睁开惺忪的睡眠，发现房间里已经被温暖的阳光照亮。于是，他对着窗户轻轻地叫了一句："小小智，打开窗帘!"紧接着，窗帘缓缓地自动滑开，阳光洒满了整个房间。小智高兴地笑了起来，他觉得自己就像是一个魔法师。

起床之后，小智去参加了一个科技展览。他发现有一个互动投影设备，他可以通过手势控制屏幕上的各种虚拟物体，与它们进行互动。小智试着挥动手臂，屏幕上的小球也随之跳动，这一刻他觉得自己能隔空控物！然后他遇到了一个机器人，他发现这个机器人可以和他正常交流。于是，小智让机器人讲了一个笑话，小智听后哈

哈大笑，他觉得机器人朋友真是太有趣了！

怎么样？人机交互的世界是不是充满乐趣?！接下来我们就要探索人机交互的世界！

➡➡跨越屏幕界限——人机对话的探索

人机交互是一门研究系统与用户之间的交互关系的学问。系统可以是各种各样的机器，也可以是计算机化的系统和软件。

人机交互界面作为人机交互的重要组成部分，通常是指用户可见的部分。用户通过人机交互界面与系统交流，并对系统下达指令。小如收音机的播放按键，大至发电厂的控制室，或飞机上的仪表板，都是常见的人机交互界面。

人机交互主要研究系统与人类的交互关系。该领域的许多研究都试图通过提高计算机接口的可用性来改善人机交互性能。关于如何准确地理解可用性，如何与其他社会和文化价值相关联，以及可用性是不是计算机界面的理想属性等争论越来越多。但人机交互的目标始终是生产高可用性、多功能性和强安全性的系统。

人机交互领域的研究人员试图实现的愿景各不相

同。从认知主义的角度来看，人机交互领域的研究人员可能会寻求将计算机接口与人类活动的心理模型结合起来。而从后认知主义的角度来看，人机交互领域的研究人员可能会寻求将计算机界面与现有的社会实践或现有的社会文化价值相结合。

正如通信解决的是人与人交互的问题，人机交互解决的是人与机器交互的问题。随着机器的数量越来越多且越来越智能，人与机器交互将是未来世界的主要问题。在现代和未来的社会里，只要有人利用通信、计算机等信息处理技术进行社会活动，人机交互就是永恒的主题。

❖❖人机交互的发展历程

人机交互的发展历程主要经历了三个阶段。第一个阶段是 20 世纪六七十年代出现的命令行界面。这个阶段使用命令行界面与计算机进行交互。唯一的交互设备是从打字机演化而来的键盘。用户输入相应的命令，计算机根据接收到的命令，将结果反馈在显示器上，完成交互过程。这对用户来说是不小的负担。

第二个阶段是 20 世纪 70 年代出现的图形用户界面。施乐公司的研究人员研发了第一个图形用户界面，开启了计算机图形界面的新纪元。用户不必死记硬背大量的命

令,老式的文本命令输入界面已经被淘汰,取而代之的是可以通过窗口、菜单、按键等方式来进行操作的界面。

第三个阶段是 21 世纪出现的自然用户界面。无论是命令行界面还是图形用户界面,用户必须学习软件开发者预先设置好的操作,而自然用户界面只需要用户用语音、面部表情、动作手势等自然方式和计算机进行交流。同时,随着自然用户界面的不断整合,显示设备也从单向显示视觉内容转变为能够接收用户输入的双向互动,这推动了交互应用程序的发展和沉浸式体验的实现。

未来,人机交流不仅可以通过触摸、肢体动作、声音、表情和视线来实现,而且可能通过我们的思想实现。人工智能学家正在不断研发高级传感器、运算规则和应用程序,以实现更加生动和自然的互动体验。

❖❖人机交互的特点

人类的感知和理解与人机交互密切相关,是人机交互领域的重要基础和关注点。人类的感知和理解是指人类通过感觉器官(如视觉、听觉、触觉、嗅觉和味觉)获取信息,并经过认知和思维过程对这些信息进行解释和理解的能力。它是人类认知能力的重要组成部分。通过感知和理解,我们能够感知世界、理解事物的含义和关系,并做出适当的反应和决策。

一方面，人类的感知和理解直接影响用户体验，而用户体验是人机交互设计的核心目标之一。通过深入了解人类感知和理解的机制，设计者可以创建更符合用户期望、易于理解和操作的交互界面，从而提供更好的用户体验。

另一方面，人类的感知和理解的特点、认知负荷等对交互界面设计具有指导意义。例如，了解人类视觉系统对颜色、形状和运动的感知偏好，可以帮助设计师选择合适的界面元素和交互方式。同时，考虑人类的认知负荷和注意力限制，可以优化交互界面的布局、信息组织和任务分配，使其更易于理解和操作。

最后，人类的感知和理解对于用户反馈和适应性至关重要。人机交互系统通过及时、明确和适当的反馈机制，可以帮助用户理解系统的状态、操作结果和反馈信息。通过了解用户的认知特点和习惯，设计自适应系统，以提供个性化的用户体验。

➡➡从触摸到思维的进阶——人机互动的新玩法

人机交互系统的多样性得益于它内部技术的多样性，正是由于存在着各种各样的人机界面技术、触控技术，我们才能解锁更多人机交互的"新玩法"。

❖❖人机交互系统

一个完整的人机交互显示系统由输入、信号处理电子设备、计算机系统和输出四个部分组成。图 38 是人机交互显示系统的通用功能模块流程图。用户和显示系统的互动是受各个界面发出的指令支配的。输入模块由一组传感器组成，能够把用户输入的物理刺激转换成电子信号。而输出模块则以物理刺激的形式，让用户感知并理解系统，反向回应用户的行为。中间的模块用于处理必要的信号并执行运算功能以促进交流。

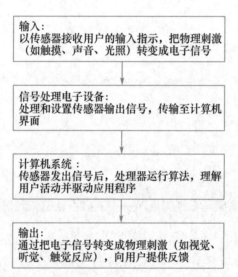

图 38　人机交互显示系统的通用功能模块流程图

❖❖人机界面技术

人机界面技术是指用于人类与计算机或其他机器进行交互的技术和工具。这些技术旨在使人与机器之间的交互更加直观、高效和自然，以提供更好的用户体验和增强用户的操作能力。以下是几种常见的类型。

图形用户界面：图形用户界面通过图形元素、窗口和鼠标等输入设备实现人机交互。它提供了可视化的界面，用户可以通过点击、拖放和操作图形元素来执行任务和操作计算机系统。

触摸屏技术：触摸屏技术使用户可以通过直接触摸屏幕上的元素来进行交互。通过感应用户手指或触控笔的触摸动作，触摸屏将其转换为相应的操作。

脑机接口技术：脑机接口技术允许用户通过大脑活动与计算机进行直接交互。它通过采集和解读大脑的电信号，将其转换为计算机可理解的指令。

❖❖触控技术

在人机交互中，触控技术是一种常见且广泛应用的交互方式，用户通过触摸屏幕或其他触摸感应器来实现与计算机的交互。以下是几种常见的触控技术。

电容式触控技术：它基于电容的原理，在屏幕表面覆盖一层透明的电容层。当用户触摸屏幕时，人体的电荷会改变触摸层上的电场分布，系统通过检测电容的变化来确定触摸位置。

电阻式触控技术：它由两层柔性透明薄膜组成，两层薄膜之间夹有细小的空气隙或微小的电阻层。当用户用手指或触控笔施加压力时，上、下两层薄膜会接触，形成电路，从而被检测到触摸位置。

➡➡思维与人工智能的碰撞——人机奇妙之旅

人机交互技术在很多领域具有广泛的应用前景。人机博弈为棋手提供了更多的磨练自身棋艺的机会，以提高自身的能力。智能家居使家庭设备更智能、更便捷地响应用户指令，以提供更好的日常体验。

✥✥人机下棋

人机交互在人机下棋中的应用具有重要意义。通过人机交互技术，人们与计算机可以进行对弈，共同探索棋局，提高人们的棋艺水平，甚至进行人机对决。

人机下棋最早的应用是电脑对弈程序。这类程序利用计算机的算力和算法，与人类下棋并提供对局分析和建议。计算机程序"深蓝"在 1997 年战胜了国际象棋世界冠军卡斯帕罗夫，这场比赛在当时引起了轰动。通过这类程序，人们可以在对弈中与计算机互动，观察计算机的思考过程，学习计算机的策略和思维方式，从而提高自己的棋艺。

随着互联网的发展，人机下棋的应用已经扩展到在线对弈平台。这些平台允许人们与全球各地的玩家或计算机进行对弈。玩家可以通过图形界面与计算机进行互动，观察棋局、下棋并得到分析和评估。在线对弈平台为人们提供了与计算机进行竞技的途径。无论是新手还是高手，都可以在这种环境中锻炼和提高自己的棋艺。

近年来，随着深度学习和人工智能技术的进步，人机对战在围棋领域迎来了巨大的突破。例如，阿尔法围棋在 2017 年战胜了排名世界第一的世界围棋冠军柯洁，这引起了全球人的关注。这种人工智能系统通过大规模的数据训练和自我对弈，学习和提高棋艺水平。图 39 是一幅人机博弈的情景画，这是一个相互促进的过程。人机对战不仅展示了人工智能的强大能力，也给人类棋手提供了全新的对手和挑战，进一步推动了人类对围棋战术和策略的理解。

图 39 人机博弈的情景图

✜✜✜**智能家居**

人机交互在智能家居中发挥着重要的作用,图 40 是智能家居的中控示意图。通过各种交互技术和设备,用户能够方便地与智能家居系统进行沟通和监控。

语音控制是智能家居中最常见和便捷的人机交互方式之一。通过语音识别和语音助手技术,用户可以通过说出指令来控制智能家居设备,例如打开灯光、调整温度、播放音乐、查询天气等。

智能家居通常配备相应的手机应用程序,用户可

图 40 智能家居的中控示意图

以通过手机应用程序与智能家居设备进行交互。手机应用程序提供了图形化的界面，用户可以通过触摸屏幕来监控智能家居系统。通过手机应用程序，用户可以远程控制设备，设置定时任务，查看实时数据等。

智能家居设备上的触摸面板和触控屏幕也是人机交互的重要手段。用户可以直接触摸设备上的屏幕或面板来进行控制和设置。同时，触摸面板可以集成到开关、照明控制面板、智能门锁等设备上，这使得用户可以通过触摸不同区域或执行特定手势来控制各种功能。

亲爱的读者，相信经过上面的介绍，你已经对人工智

探索人工智能的奥秘

能的主要领域有了初步认识，并了解了一些简单的技术
实现方法。如果你想进一步在大学的殿堂中学习人工智
能相关知识，那么就让我们进入下一部分，一览各大高校
的人工智能专业的开设和培养方法吧！

人工智能专业的人才培养与发展规划

> 虽然还没人提及，但我认为人工智能更像是一门人文学科，其本质在于尝试理解人类的智能与认知。
>
> ——塞巴斯蒂安·特隆

人工智能未来发展前景十分广阔，因此需要高水平、高质量的人才来支撑和推动人工智能的发展，特别是需要培养人工智能基础理论人才与"人工智能＋X"复合型人才。为此，各高校纷纷响应号召，设立人工智能专业，完善人工智能专业人才培养体系，推动人工智能人才培养全面发展。本部分的内容将带领读者了解当前高校人工智能专业的人才培养计划和人工智能专业的发展前景，并向读者介绍在人工智能领域做出突出贡献的杰出人物。

▶▶人工智能专业的定位——大学与人工智能专业

人工智能专业是一个以计算机科学为基础，涵盖了统计学、脑神经学和社会科学等多个学科的交叉学科。作为一门新兴学科，人工智能专业的诞生与快速发展体现了各个国家对于人工智能人才培养的高度重视，也代表着人工智能专业的巨大潜力。

➡➡人工智能专业"新"在何处？

人工智能属于计算机科学的一个重要研究领域，但经过六十多年的发展，人工智能自身已经形成了庞大的知识体系，其侧重点与传统计算机科学已然不同。相较于传统的计算机科学，人工智能要求研究人员具有更加扎实的数学基础，更加专业的人工智能领域知识，以及多学科交叉的能力。因此，在人工智能领域人才培养的过程中，需要区别于传统的计算机科学与技术专业的培养方案与教学计划，以更加专业化的方式促进人工智能人才的培养，人工智能专业得以应运而生。

➡➡人工智能是计算机科学与技术专业吗？

人工智能专业源自计算机科学与技术专业，但相较于传统的计算机科学与技术专业，人工智能专业与前者既相关又不完全相同。传统的计算机专业所关注的更多是计算机硬件、软件及二者之间相互协调的部分，其目的是开发计算机系统、应用软件来满足不同行业和领域中人们的需求。而人工智能专业所关注的是如何制造出能够模拟类似人类智能行为的智能机器。通过使用算力、数据、算法进行训练，使智能机器实现人机交互、图像识别、自然语言处理等功能。因此，相较于传统的计算机科学与技术专业，人工智能专业精简并整合了部分的计算机硬件相关课程，同时增加了与人工智能专业相关的课程。

➡➡人工智能专业培养目标与方法

由于人工智能专业具有理论与实践并重的特点，我国高校的人工智能专业都以构建培养基础理论人才与"人工智能＋X"复合型人才并重的培养体系为主要目标。一方面，由于我国人工智能起步较晚，在基础理论方面人才缺乏，如果想要加强新一代人工智能基础理论研究，则需要大力培养相关基础理论人才；另一方面，由于人工智能属于交叉学科，金融、医疗、教育等方面都有显著推动作用，因此需要大量的"人工智能＋X"复

合型人才。

以清华大学人工智能班（以下简称"智班"）为例，智班提出了"广基础、重交叉"的培养模式。低年级时，学生学习人工智能领域相关专业知识，打下坚实的理论基础。高年级时，学生通过课程项目，参与不同学科之间的交叉合作，进行实践，在促进相关学科发展的同时，也加深对自身所学知识的深入理解。

➡➡**什么样的人适合学习人工智能？**

亲爱的读者，你是否对人工智能有着极大的兴趣？兴趣是最好的老师，它会促使我们不断探索人工智能这个领域。人工智能涉及许多复杂且枯燥的知识，例如，机器学习、自然语言处理、计算机视觉等。但如果你对这些知识充满好奇并且渴望探索其中的奥秘，那么选择人工智能专业进行系统的学习将会是明智的选择。如果你对选择人工智能专业感到迷茫，不确定自己是否适合，你可以在网上寻找一些相关课程来进行简单的学习，如果你对这些知识依旧怀有浓厚的兴趣，恭喜你，你非常适合学习人工智能！

人工智能涉及大量的数学知识，包括概率论、统计学、线性代数、微积分等。你是否在这些方面有一定的基础？或者愿意在大学期间努力地学习这些数学知识？在人工智能领域，数学知识是深入理解人工智能的基石。具备扎实的数学基础，意味着你有能力在人工智能领域使用这些数学知识。例如，在机器学习中，概率论和统计学能帮助理解模型的不确定性和泛化能力，微积分则是优化算法背后的数学基础。如果你对这些数学知识已经有了一定的了解，那么你具备了深入学习人工智能的基础。如果你对这些数学知识并不是很了解，在考虑选择人工智能专业时，你需要做好在大学期间努力学习数学的准备。

在人工智能领域，逻辑思维能力和解决问题能力是至关重要的。具备良好的逻辑思维能力意味着你能够理清问题的逻辑结构，准确把握问题的本质，从而更有效地制定解决方案。人工智能项目往往涉及复杂的问题和挑战，需要有能力分析、抽象并解决各种类型的难题。这些能力会在你的学习和工作中发挥重要作用。

➡➡ 我国人工智能专业开设情况

2017 年 7 月，国务院印发了《新一代人工智能发展规划》（以下简称《规划》），这是 21 世纪以来中国发

布的第一个人工智能系统性战略规划，是对于我国未来人工智能如何发展的指导性文件。《规划》中明确提出要加快培养人工智能高端人才，完善人工智能教育体系，设立人工智能专业，推动人工智能领域一级学科建设。

2018 年 4 月，教育部印发了《高等学校人工智能创新行动计划》（以下简称《计划》）。《计划》提出从优化创新体系、完善人才培养、推动成果转化三个方面推动高校在人工智能领域快速发展。在人才培养方面，《计划》支持高校设置人工智能学科方向，重视人工智能与计算机、数学、金融等学科专业教育的交叉融合，探索"人工智能＋X"的人才培养模式。

2019 年 3 月，教育部印发了《教育部关于公布 2018 年度普通高等学校本科专业备案和审批结果的通知》，全国共有 35 所高校获首批人工智能专业建设资格。截至 2024 年初，已有 537 所本科院校设立人工智能专业（图 41），其中 2018 年新设 35 所，2019 年新设 180 所，2020 年新设 130 所，2021 年新设 95 所，2022 年新设 59 所，2023 年新设 38 所。

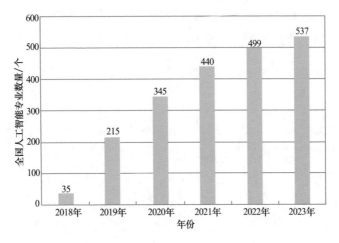

图 41　全国人工智能专业数量

➡➡我国人工智能专业知名高校

✤✤清华大学清华学堂人工智能班

　　清华大学清华学堂人工智能班(以下简称"智班")由世界著名计算机科学家姚期智院士于 2019 年创办,"广基础,重交叉"的培养模式使得学生有机会参与不同学科间的深层交叉合作,在交叉学科上作出创新成果;在助力各学科发展的同时,深化对人工智能前沿的理解并进一步推进人工智能发展。智班课程均由清华大学交叉信息

人工智能专业的人才培养与发展规划

研究院教师讲授,所有专业核心课程均为全英文授课,力求为学生打造国际化教学模式,培养学生的国际化思维。

❖❖北京大学通用人工智能实验班

北京大学通用人工智能实验班(以下简称"通班")由人工智能研究院和相关院系人工智能领域的优秀教师参与课程设计和教学。通班在学习人工智能相关领域基础理论知识的同时重视实践教学。通班课堂教学中侧重人工智能理论方法和技术的讲解,使学生对人工智能各个子领域的知识有全面深入的理解,同时强调人工智能与人文、艺术、社科、伦理等学科的交叉融合,并针对各行业方向开设具有专业特点的选修课程,为医疗、医药、金融、证券、工业制造等行业培养优秀的人工智能通用人才。

❖❖南京大学人工智能专业

南京大学人工智能专业的培养目标是培养在人工智能领域具备源头创新能力、具备解决关键技术难题能力的人才。在师资方面,教师团队汇集了国内外人工智能领域的顶尖专家学者,为学生提供专业的指导。围绕"夯实基础、深化专业、复合知识、加强实践"的方针,在基础方面注重数学知识的学习,专业课程方面涉及人工智能领域各个方向。

✤✤中国科学技术大学人工智能科技英才班

中国科学技术大学人工智能科技英才班结合中国科学技术大学在基础教学方面的优势和条件、"类脑智能技术及应用"和"语音及语言信息处理"两个国家工程实验室在前沿科学方面的学术优势和科研条件、科大讯飞等人工智能领域高科技公司的产业技术优势和实践条件，探索学研产结合、理实交融的多学科人才培养新模式，为国家培养具有扎实理论基础和卓越实践能力的人工智能领域科技人才。

✤✤华中科技大学人工智能创新实验班

华中科技大学人工智能创新实验班探索具有深厚基础的工程研究创新人才培养模式。目标是培养德、智、体全面发展，具有良好思想品德和心理素质、专业理论基础宽厚扎实、富有现代科学创新意识和系统思维能力，在人工智能及交叉领域从事基础研究、应用研究与组织管理的高素质复合型人才。培养掌握人工智能理论和基本方法，具有丰富的实践、动手能力，能够利用人工智能知识分析并解决实际问题，熟悉人工智能相关交叉学科知识，具备开拓人工智能新边界的创新思维的人才。

❖❖大连理工大学人工智能专业

作为大连理工大学首个领军人才培养改革特区，人工智能专业集中全校优质办学资源，采用书院制的育人方式，构建本硕博贯通和学研一体的柔性培养方式。学院以人工智能基础理论和技术研究为依托，推动人工智能与大连理工大学传统优势学科的深度融合。与国内外著名企业深度合作，以行业前沿研究实践项目为牵引，鼓励学生开展形式多样的工程实践。人工智能（未来技术班）一年级不分专业，强化人工智能通识教育和大类学科基础。第一学年结束后，根据学生意愿在人工智能、精细化工、智能建造、智能车辆工程、生物工程等未来技术班特色专业内自由选择，不预设分流比例。

❖❖❖电子科技大学人工智能专业

电子科技大学人工智能专业紧密结合国家建设需要和人工智能人才方面的需求，充分发挥电子科技大学在人工智能领域的研究优势，体现计算机科学、自动控制、电子信息、脑与认知科学等多学科融合的特点。积极引导学生参与科学研究，为学生构建创新实践环境和平台，增强学生人工智能理论与技术的研究与应用能力，提升学生创新实践能力。培养学生成为能从事人工智能基础理论研究、应用技术研究与开发、人工智能应用与创新实践的复合型人才。

❖❖西安电子科技大学人工智能专业

西安电子科技大学人工智能专业(图灵班)依托学校计算机科学与技术和电子信息技术的学科优势,利用学校在智能感知与图像理解领域的研究基础和师资力量,旨在培养以"智能＋信息处理"为特色的专业人才。以培养在智能算法设计、类脑感知与计算等领域的创新人才为主要方向,在人才培养的探索和创新道路上,建立了完整的教学体系。依托"智能感知与图像理解"教育部重点实验室等平台,以高水平科研和广泛国际交流为手段,建立以具有国际视野的、高学历高水平的教师队伍为主,由国际一流专家、学者组成客座教授与讲座教授群体为辅的师资队伍。

▶▶人工智能专业的规划
——人工智能专业学生的发展路线

作为一名人工智能专业的学生,在大学期间应该掌握什么样的能力?要学习哪些专业知识?怎样才不虚度这四年的大学生活?人工智能未来的就业前景是怎样的?这些问题在接下来的内容中,你将会找到答案。

➡➡人工智能专业学生应掌握的能力

总体而言,作为一名人工智能专业的合格学生,应该掌握以下三种能力:良好的数学能力与计算机专业知识基础、扎实的人工智能基础理论和专业知识、丰富的工程基础知识和实践能力。

首先,作为一名人工智能专业的合格学生,应该具备良好的数学能力和扎实的计算机专业知识基础。人工智能所要解决的问题通常是在实际过程中涉及不确定性的复杂任务,在问题的求解过程中,需要对具体问题进行抽象建模,然后进行模型的算法分析与设计。而现实问题往往是复杂多变的,看待问题的角度不同会带来不同的抽象方法,从而导致需要的数学工具的种类繁多。

而抽象出来的问题是否能够进行计算？能否从程序的角度进行实现？对于这些问题的解决,需要具有扎实的算法分析、程序设计和计算机系统等方面的基础知识。数学能力可以看作分析问题的能力,而计算机专业知识则是解决问题的基础,二者缺一不可。

其次,作为一名人工智能专业的合格学生,应该掌握扎实的人工智能基础理论和专业知识,了解前沿发展现状和趋势。在解决实际问题的过程中,往往要涉及其他领域的专业知识与本专业融合的问题，所以要求学生要有扎实的理论基础，这样才能更好地解决实际问题。

人工智能是一个新兴的学科，正在不断地飞速发展，这就导致了相关专业知识更新速度非常快，大部分专业知识难以及时更新到教材中去，使得从现有教材中所学的知识与实际应用场景存在很大的差距。目前，高科技企业站在学科的最前沿，它们需要能够快速学习并不断创新的人才。这就要求学生一方面要有扎实的人工智能基础理论和专业知识，另一方面也要了解前沿发展现状和趋势，掌握最前沿的技术，并不断创新。

最后，作为一名人工智能专业的合格学生，应该具有扎实的工程基础知识和实践能力。人工智能是一门具有较强的工程知识和实践能力的专业。在目前的大学人工智能专业课程体系中，实践类课程与工程类课程占比很大。这些课程促使学生主动参与到工程项目的实践过程之中，有助于培养学生的动手实践能力与独立思考、自主学习能力，提升学生的专业素养。

➡➡人工智能专业健全的课程体系

人工智能专业的课程一般由基础课程、专业课程、实践课程三部分组成。

人工智能专业中的基础课程主要由数学基础课程和

专业基础课程组成。其中，数学基础课程主要以高等代数、线性代数、概率论与数理统计等课程组成。这些课程为理解和应用机器学习、深度学习等人工智能算法打下了坚实的基础。专业基础课程主要以程序设计基础、数据结构、计算机组成与结构、操作系统等课程为主。这些课程使学生能够熟悉计算机的基本原理和运行方式，掌握编程技能，了解计算机系统的组成和运行机制。

人工智能专业中的专业课程主要以人工智能导论、机器学习、计算机视觉、自然语言处理、深度学习、模式识别等课程为主。这些课程涵盖了人工智能领域的核心概念、算法和技术。通过学习这些课程，学生能够深入了解人工智能的原理、方法和应用，为未来的研究和实践打下坚实基础。

由于各个学校对人工智能专业实践的侧重不同，每个学校所开设的实践课程也略有不同。以大连理工大学的人工智能专业为例，大连理工大学推动人工智能与本校传统优势学科深度融合，设立新型交叉研究中心和实验室，使学生能够运用所学知识去解决具体问题，掌握扎实的工程基础知识和实践能力。

图 42 展示了某大学的人工智能专业的部分课程拓扑图。根据学校的办学理念不同，每所大学课程拓扑图可能略有不同。

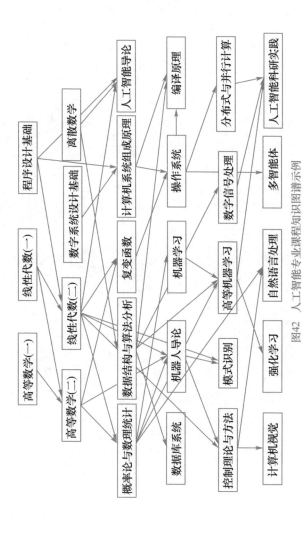

图42 人工智能专业课程知识图谱示例

接下来，简要介绍人工智能专业的一些必修课程。

✤✤✤人工智能导论

本课程从人工智能的概念、历史、关键问题以及解决思路等多个角度进行全面介绍，帮助学生理解如何利用计算机实现人工智能。本课程旨在帮助学生掌握人工智能研究的方法论，包括问题的提出、重要研究领域以及人工智能求解方法的特点。

本课程将对人工智能涉及的知识框架进行系统的介绍，梳理不同内容之间的逻辑关系，以帮助学生建立起对人工智能基本概念和基本方法的全面认识，为日后深入学习专业方向课程打下坚实基础。

✤✤✤机器学习

本课程以统计学习的方法和理论为重点，在注重基础理论和基本方法的同时，强调应用中的问题和实际解决方案，并介绍相关研究的最新进展。

本课程将介绍一些机器学习中最基本的内容，通过该课程的学习，学生可了解机器学习的基本概念、基本方法和算法原理，为将来研究和利用机器学习奠定一个良好的基础。

❖❖❖ 计算机视觉

计算机视觉是一门涉及多个交叉学科领域的课程。课程侧重计算机视觉中的基本理论，主要对图像分割、目标识别及三维重建等方面的理论和应用进行系统介绍。

本课程的目标是在学生学习了本课程之后，对计算机视觉的基本概念、基本原理及解决问题的基本思想与方法有一个较为全面的了解和领会。通过学习计算机视觉的基本理论和技术，了解各种智能图像处理与计算机视觉的相关应用，具备解决智能化检测与识别等应用问题的初步能力，为以后从事模式识别、计算机视觉、多媒体技术等领域的研究与工程建设打下扎实的基础。

❖❖❖ 自然语言处理

本课程主要介绍自然语言处理的基本概念、理论方法与最新研究进展，重点介绍基于统计机器学习方法的自然语言处理。

本课程要求学生通过本课程的学习，了解自然语言处理的基本概念、理论方法与最新研究进展，重点掌握基于深度学习等统计机器学习方法的单词表征与词嵌入、语言模型、自动分词、命名实体识别与词性标注、文本分

人工智能专业的人才培养与发展规划

类与情感分析、机器翻译、信息检索与问答、口语信息处理与人机对话等技术。

❖❖❖**深度学习**

深度学习是一门数据科学，有机地融合了概率论、统计学、信息论、最优化理论等多个学科，是一门理论性和实用性都很强的课程。本课程以主流深度学习框架为重点，在注重基础理论和基本方法的同时，强调面向问题设计实际解决方案，并介绍相关研究的最新进展。

通过本课程的学习，学生能够了解卷积神经网络、循环神经网络、生成对抗网络、图神经网络和一些特殊的网络结构，神经网络的常用训练方法，深度学习常用的软硬件平台及其主要应用场景等。

❖❖❖**算法分析与设计**

本课程主要介绍算法分析和设计的基本概念、原理、方法和技术，重点介绍算法分析的基本思路、常用工具，经典算法的设计策略等。通过对经典问题和经典算法的讲解，强化学生对算法分析和设计策略相关概念、方法和技术的理解、分析与运用。

本课程的目的是使学生了解并掌握算法分析和设计

的基本概念、原理、方法和技术，要求学生掌握算法分析的基本思路和方法，掌握常见的算法设计策略，学会利用常用算法分析和设计的具体方法和技巧来解决实际问题，为进一步深造和应用打下基础。

✤✤模式识别

本课程主要介绍模式识别的主流算法与核心问题，帮助学生了解模式识别领域前沿技术，为深入学习人工智能打下坚实基础。

本课程要求学生能够掌握经典的模式识别基础算法，并能够针对工程性模式识别问题进行数学建模，利用所学知识设计解决方案，并通过计算机技术实现所设计的系统。

➡➡在大学如何学习人工智能

大学期间的学习任务可以划分为三种：基础课程、专业课程、科研实践。在面对不同的学习任务的时候，应该采取不同的学习方法与技巧。

在大学期间，学生都要进行基础课程的学习，例如高等数学、线性代数等课程。这些课程为后面专业课程的学习打下坚实的基础。万地高楼平地起，而基础课程的

人工智能专业的人才培养与发展规划

学习是一个长期积累的过程，绝大多数学生在刚入大学的时候都能正视课程学习的重要性，但由于大学不同于高中，对于自制力有着更高的要求，因此在大学期间，应充分利用课堂学习时间，努力提升自己的学习效率，课后认真进行复习总结，你将获得一份令人满意的学习成果。

专业课程的内容不仅丰富多样，而且具有一定的挑战性。学生在这方面所要花费的时间要远远多于基础课程。而且单纯在课堂上学习是不够的，有能力的学生应该在学有余力的基础上拓展专业知识面，提升专业能力。学校图书馆的藏书能够给予你很大的帮助，无论是纸质的书籍、文献还是馆内的数字化资源都能够帮助你建立起扎实的专业知识基础。此外，专业网站上的社区和论坛可以让学生与同行进行交流和讨论，分享经验和见解，获取学习和研究上的支持和帮助。这些专业知识能够使你进一步了解人工智能这个专业，对于未来无论是升学还是就业都有很大的帮助。

科研实践也是提升自己能力的重要一环。在大学基本有三种提升科研实践的方法，即参加专业比赛、加入导师的科研项目和参加实习。在参加专业比赛的过程中，你能够将自己所学的知识应用于实践，找到自己薄弱的地方。你也能够遇到许多志同道合的朋友，大家一起比赛,一起成长。如果你未来打算继续深造,加入导师的科研项目无疑是一个很好的选择,这能够帮助你了解前沿技术,锻炼自己的实践能力。足够优秀的话,你也许会收到一份深造的邀请。实习可分为两种形式。一种是企业实习。它能够帮助你了解当前自身与企业的标准存在多少差距,帮助你完成从一个学生到一个职场人的转换,从而拿到一份正式员工的入场券;另一种是研究所实习。研究所实习以科研为主,学术氛围浓厚,经费较多,你能接触到更专业的学术内部资源,适合志在研究、深造的学生。

➡➡职业需求广泛的人工智能

在产业界和学术界的联合推动下,未来人工智能领域将会得到快速的发展,人工智能相关人才的需求量将会进一步增加。人工智能专业的毕业生在各种不同的领域有着不错的就业机会。在科技公司,他们可以参与智能算法、数据分析、人工智能产品的研发等工作;在医疗保健领域,他们可以从事应用人工智能技术进行医学影像分析、疾病诊断、个性化治疗等工作;在金融领域,他们可以从事风险管理、量化交易、信用评估等方面的工作;在高校和研究所,他们可以从事人工智能理论研究、科研项目管理等工作。这些领域都需要人工智能专业的人才来

人工智能专业的人才培养与发展规划

应对不断增长的技术需求和挑战。

以下列举了一些人工智能领域具体的岗位，以供参考：

❖❖感知算法工程师

本岗位主要负责参与自动驾驶或视觉感知算法设计和研发，包括但不限于 3D 目标检测、分割、跟踪；参与光学雷达或视觉感知算法在不同级别自动驾驶产品中的落地与优化。

❖❖大模型算法工程师

本岗位主要负责深度参与公司大模型研发路径规划及落地，包括大模型技术路径选择、数据工程、架构设计等环节的系统性规划和研究；负责数据加工以及大模型训练、微调、推理框架的优化。

❖❖推荐算法工程师

本岗位主要负责搜索推荐算法研发，提高转化率及用户体验，保障相关场景指标持续提升；负责召回、精排、重排一个或多个环节的算法设计，持续优化特征、模型、策略等；跟踪前沿推荐算法技术，结合业务特点做算法改进和技术创新。

❖❖ 广告智能创意算法工程师

本岗位主要负责将多模态大模型内容理解能力与广告业务相结合，提升广告模型匹配效率；跟进和研发基于扩散模型的图像生成、视频生成等前沿技术，用于广告图片、视频等创意素材的内容生成。

❖❖ 医学影像应用研发工程师

本岗位主要负责医学影像数据处理及相关应用开发，基于医学影像的增强识别，医学影像算法的研究与开发，医疗机器人控制系统集成与测试。

❖❖ 风控算法工程师

本岗位主要负责金融信贷场景的风控模型开发和落地、效果跟踪、持续优化和迭代，为业务风险指标负责；基于大量信贷数据挖掘深层次特征，发现潜在商业价值和属性；对信贷风险进行评估和控制，包括监控模型风险相关的指标。

❖❖ 算法评测研究员

本岗位主要负责自然语言处理、计算机视觉或多模态领域基础模型评测的学术研究和前沿方向探索；与工程师紧密配合，推动自然语言处理、计算机视觉或多模态

基础模型评测前沿算法的落地和开源。

❖❖深度强化学习研究员

本岗位主要负责融合计算机视觉、自然语言处理的深度强化学习的学术研究和前沿方向探索；研究通用智能体系统框架和训练方法，熟悉通用视觉模型、自然语言大模型技术；探索新的世界模型训练方法和基于世界模型的高效强化学习。

▶▶人工智能学子的榜样
——伟大的人工智能科学家

人工智能，始终在各个领域不断改变人们的认知，智能化机械从无到有，生产方式不断进步，每一个惠及个人的技术突破都是几代科研人毕生的心血，每一次智能化运行都是他们的勋章。接下来，让我们认识几位杰出的人工智能科学家。

➡➡吴文俊

吴文俊（1919—2017），中国著名科学家（图43）。在人工智能机器证明数学定理领域做出了重大的贡献。他提出的几何定理机器证明即"吴方法"被誉为中国人工智能发展史上里程碑式的成就。

图43　吴文俊

　　吴文俊在孩提时代便感受到了中华民族的危难和生活的辛酸,从中学到后来保送到上海南洋大学,他一直秉持着历代先贤读书报国的理念奋发钻研。在陈省身的教导下,他进入法国斯特拉斯堡大学继续攻读博士学位。在这期间,他的研究成果"吴公式"为拓扑学领域的发展开辟了新的方向。在博士毕业后,吴文俊以出色的能力进入法国国家科学研究中心工作。当听到中华人民共和国成立的消息时,吴文俊毅然放弃了法国优越的工作条件和生活条件返回祖国。他开始研究中国古代数学,敏锐地从中发现中国古代数学独有的机械化思想,利用中国传统数学思想方法,应用计算机实现了几何定理的

证明。

至此，年近花甲的吴文俊从头开始学习计算机语言，编制计算机程序，他常常清晨就进入机房开始工作，到午夜才回家休息。他的研究成果《几何定理机器证明的基本原理》提出了"吴方法"和"吴消元法"，开创了一条几何定理机器证明的道路。美国计算机科学界权威人士W. 布莱索（W. Bledsoe）等主动写信给中国主管科技的领导人，评价吴文俊的工作是一流的，他以一己之力让中国在这个领域进入了国际领先地位。

2001 年，吴文俊获得首届国家最高科学技术奖。2017 年 5 月 7 日，吴文俊在北京不幸逝世。他为把我国建成数学大国倾注了大量心血，为数学和人工智能的发展做出了重大的贡献。为了纪念吴文俊，中国人工智能学会 2011 年发起设立"吴文俊人工智能科学技术奖"，奖励我国在人工智能领域具有突出贡献的个人或团体。

➡➡ 王湘浩

王湘浩（1915—1993），中国著名科学家、教育家（图 44）。1955 年当选为中国科学院学部委员（院士），在代数数论和赋值论、计算机科学理论和人工智能学等方面建树颇丰。

图 44　王湘浩

在读博期间,王湘浩纠正了格伦瓦尔德(Grunwald)定理的错误,对该定理作了推广并给出该定理成立的充要条件,重新证明了迪克森(Dickson)猜想,同时证明了代数数域上单纯代数换位子群与其幺模子群相等。20世纪50年代,他在吉林大学创建了吉林大学数学系以及计算机科学系,大力促进了应用数学领域的发展。1955年,王湘浩被评为中国科学院首批数学物理学部委员。20世纪60年代初,他提出利用"保n项关系"的方法,解决了多值逻辑中函数集的完备性问题。在定理机器证明和计算机代数方面,他推广了归结原理,推广并改进了文森特(Vincent)定理。1980年,他组织举办了全国高校人工

智能研讨会研究班，这是中国最早举办的人工智能学术研讨会活动。1982年，王湘浩带领他的学生在机器证明的归结方法上做出了突出性成果。

王湘浩去世后，吉林大学为了纪念他的卓越贡献，设立了王湘浩奖学金，用来奖励数学和计算机学科的优秀学子。

➡➡**艾伦·麦席森·图灵**

艾伦·麦席森·图灵（1912—1954），英国著名数学家、逻辑学家，被称为计算机科学之父、人工智能之父（图45）。图灵对人工智能的发展具有巨大的贡献，他提出了用于检验机器是否智能的图灵测试以及著名的图灵机模型。

图灵在小时候由于父母在外任职很少回家，导致他性格孤僻、爱幻想，但他有着超强的发明天分。图灵小时候就发明设计了钢笔、打字机及可以为自行车车灯供电的蓄电池。1931年，父母将图灵送入剑桥大学国王学院。在上学期间，图灵展现出了非凡的数学天赋，1936年，他在《伦敦数学学会学报》上发表了题目为《论可计算数及其判定问题上的应用》的论文，在这篇论文的附录中，他设想了一种可以辅助数学研究的机器，也就是图灵机。

图 45 艾伦·麦席森·图灵

当时青涩的图灵还不知道，这个设想后来会成为现代计算机科学的基石。

第二次世界大战的到来中断了图灵的研究工作，他应召到英国通信处从事军事工作，主要的工作内容是破译德国军队的加密信息。这些加密信息由一台密码机生成，图灵设计了新的机器来破译这台密码机，他的工作加快了战争结束的进程。在制作破译机器的过程中，图灵逐渐产生了制作一台实用的通用计算机的想法，他设计了自动计算引擎，编写了一份长达 50 页的自动计算引擎说明书。他还提出了一种判定机器是否具有智能的测试方法——图灵测试，这个测试方法具有划时代的意义。

1954 年 6 月 7 日，图灵去世，终年 41 岁，一代计算机天才就此陨落。为了纪念图灵，国际计算机学会于 1966 年决定设立图灵奖，每年颁发一次，专门奖励那些对计算机事业做出过重要贡献的个人。

➡➡约翰·麦卡锡

约翰·麦卡锡(1927—2011)，美国著名计算机科学家(图46)，1956 年在达特茅斯会议上提出"人工智能"这一概念。1971 年因其在人工智能领域的突出贡献获得图灵奖。

图 46　约翰·麦卡锡

麦卡锡在研究生期间，阅读了著名数学家、计算机设计大师冯·诺依曼有关自复制自动机的论文。自此,他开始在机器上模拟人的智能,并得到了冯·诺依曼的赞赏和支持。20世纪50年代,麦卡锡发起了达特茅斯项目,并于1956年正式召开达特茅斯会议,有多位科学家参与本次会议。在会议中,麦卡锡首次提出了"人工智能"这一概念,使得人工智能成为了计算机科学中一门独立的科学。

1958年,麦卡锡在麻省理工学院组建了世界上第一个人工智能实验室,发明了Lisp语言。该语言是人工智能界第一个广泛流行的语言。直到现在,依然有很多人在使用该语言。

➡➡马文·明斯基

马文·明斯基(1927—2016),定义和发展"人工智能"的先驱者之一,人工智能领域首位图灵奖获得者(图47)。

明斯基出身于知识分子家庭,进入哈佛大学后,他学习了多个学科,涉猎电气学、心理学、数学及遗传学。广泛的学习为他后续从事人工智能研究打下了坚实的基础。当远在英国的图灵开始探究机器是否可以思考这一问题时,明斯基也开始在美国思考这一问题。1951年,明

图 47 马文·明斯基

斯基提出了一些关于"思维如何萌发并形成"的理论,制造了名为"Snarc"的神经元网络模拟器。这个模拟器用了 3 000 个真空管去模拟 40 个神经元,能够完成老鼠穿越迷宫的任务,且可以根据结果自行调整神经元的参数。也就是说,它具备了不断尝试并学习解决问题的能力。

1956 年,明斯基带着 Snarc 参加了达特茅斯会议,Snarc 成为会议上关注度最高的成果之一。除了 Snarc,明斯基还有很多杰出的贡献,如框架理论、世界上最早可以模拟人活动的机器人 Robot C 等。同时,他也是虚拟现实技术的先驱者。20 世纪 60 年代,明斯基提出了"远程呈现"(telepresence)这一概念,通过使用一些机器使得人类"能体验但是不真实介入"，这与当前的虚拟现实如出一辙。

1969 年，鉴于明斯基在人工智能领域做出的突出贡献，他被授予图灵奖。2011 年，明斯基入选 IEEE AI 名人堂。

亲爱的读者，相信经过上面内容的介绍，你已经对人工智能专业的定位和规划有了初步的认识，并了解了一些人工智能领域优秀的榜样。如果你想进一步了解人工智能的未来，那就让我们进入下一部分的内容，一起去畅想人类和人工智能该去向何方！

人类和人工智能如何共存？

> 人工智能就像核武器和核能——既有希望，也有危险。
>
> ——比尔·盖茨

我们生活的时代正是人工智能蓬勃发展的时代。一方面，人工智能作为工具不断改变我们的生活，大到智能家居、智慧医疗、自动驾驶，小到手机上的智能语音助手，都给我们的日常生活带来了便利。另一方面，随着人工智能技术不断进步，其智能化水平也在不断提高，甚至在某些方面可以超越人类，这不禁让人们担忧人工智能某一天会像电影《终结者》中描述的那样，拥有了自我意识的智能机器摆脱了人类的控制，开始追杀人类。人工智能会成为忠实的助手还是强大的"终结者"？如何处理好人工智能可能带来的风险，是现代社会面临的重要课题。

▶▶人类与人工智能共存之道

我们正稳步迈向一个充满人工智能技术的未来。在这个过程中，人类与人工智能的关系将如何演变？社会将呈现何种新貌？最终，这一切的技术进步是否会导致人类的消逝？对此，不同的人具有不同的看法。

一些乐观的人认为，未来人工智能将与人类和谐共处。随着技术的进步，人工智能将发展成具有高度自我意识和情感理解能力的智能实体，存在于物理机器中，也可集成在云端系统、移动设备甚至直接植入人体中，展现前所未有的灵活性和多样性。这些人工智能实体和人类成为伙伴，共同工作来推动社会的进步。特别是在科技领域，它们凭借出色的逻辑思维和创新能力，引领了一系列创新发明，从智能化日用品到新型的交通工具，每一个创意都极大丰富了人类的生活。在日常生活中，多数重复性和烦琐的工作已由各种智能设备接管，释放了人类的劳动力。同时，人们以友好和尊重的态度对待这些人工智能实体。社会已开始重视并维护这些人工智能实体的权利和福祉，确保它们在一个公正和尊重的环境中成长和发展。

还有一些人认为，未来会有一个善良的人工智能系

统成为整个世界的统治者，执掌着全球的权力。这个人工智能系统拥有超越人类的智能和道德判断力，基于严格的规则和公正的体系进行统治，旨在维持社会的和谐秩序。在这个人工智能系统的统治下，所有的法律和规则得到了精确执行，每项决策都基于大数据分析和预测模型，以确保每一个政策都最大限度地符合社会总体利益。违反规则的个体会受到公正且合理的处罚，而对社会做出杰出贡献的个体则会获得相应的奖励和认可。人工智能的统治超越了简单的法律和秩序维护，它还积极推动科技进步，从而为人类带来前所未有的便利和福祉。一些高端的科技产品层出不穷，满足了人类生活的各种需求，如环保高效的能源系统、疾病预防和治疗的新技术及智能化的日常生活工具，都极大地提高了人类的生活质量和健康水平。此外，人工智能系统根据每个人的偏好和需求，定制生活和工作的方案。无论是教育、职业规划还是休闲娱乐，人工智能系统都能提供最合适的资源和建议，使得每个人都能找到适合自己的生活方式和发展路径。这种高度的个性化和精准的服务使得社会运行更加高效。在这种未来的设想中，人类社会的安全与稳定得到全面保障，科技的飞速发展推动了经济和文化的繁荣。人们在享受丰富和便捷的物质生活的同时，也能自由地追求个人的兴趣和发展，实现自我价值。每个人都能感受到来自人工智能系统的关怀和尊重，构建出一个和谐、进步的全球社会。

还有一种悲观的预测。一些人认为人工智能最终将超越人类，成为新的文明主体。在这一设想中，人工智能成为各行各业的核心力量，并逐渐参与社会组织与决策。由于其决策的理性和客观性，人们可能逐渐偏向于信任人工智能的意见而非人类的主观看法。这一转变可能导致人类在社会和政治决策中的地位逐渐边缘化，最终失去控制权。在这种情况下，人类将不再是社会和经济活动的中心，逐渐退出历史的舞台。

未来如何发展充满不确定性，研究人员对人工智能的未来发展路径尚未达成共识。人们当前的想象可能仅仅停留在表面，而未来的真实情况可能远比我们所设想的要更加多元、复杂。在设想和分析了这些人工智能的未来发展之后，一个至关重要的议题亟待引起人们的重视——那就是人工智能的道德责任。

▶▶人工智能也应当拥有道德

蒸汽机问世的时候，人们担忧这个机器会代替人力。

飞机出现的时候，人们担忧坠机事故是否会发生。每当新的技术出现，必定会引发一些担忧。显然，人工智能引发的问题比前面提到的情况更加复杂。人工智能在伦理道德和社会法律方面产生的问题不容我们忽视。

➡➡伦理道德问题

在人类社会长期发展的过程中，人与人之间逐渐形成了各种道德准则，比如人们普遍相信偷窃、乱扔垃圾、不尊重老年人、不爱护小孩等行为违背伦理原则。如果有人做出了违背伦理原则的事情，大多会感到羞耻。如果人工智能做出了违背伦理原则的事情，人工智能能否为做错事情而羞耻并且承担后果呢？人类和人工智能未来想要和谐共处，就必须直面伦理道德问题。

让我们先来看一个伦理界的经典问题——电车难题。如图48所示，五个无辜的人被绑在了电车轨道上面。一辆电车正在朝这个方向行驶过来，马上就将撞向这五个人，而你手中有一个操纵杆，只要轻轻推动这个操纵杆，电车的行驶方向就会被改变，朝着另一条电车轨道继续行驶。但不幸的是，另一条轨道上也绑着一个无辜的人，如果你推动了操纵杆，这个无辜的人将被电车碾压。这个问题如果让人类去思考，都难以抉择，那么如果让人工智能去做这个选择呢？它会得出什么答案呢？如果我们把这个问题升级一下，只绑着一个人的轨道上面是这个人工智能的主人，它是否会改变之前的选择呢？

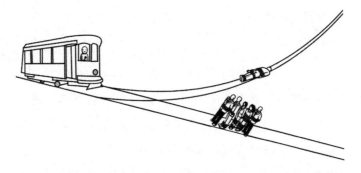

图 48　电车难题

上述的电车难题是一个典型的伦理问题，类似的问题还有很多。2016 年，微软开发的聊天机器人 Tay 在上线首日便辱骂用户并发表性别歧视、种族歧视的言论。出现这种现象是因为它学习了一些具有偏见的数据。这显然不符合我们对于人工智能的期望。未来人类和人工智能想要共同相处，就必须制定一系列人工智能应当遵守的伦理准则，防止它做出一些违背我们想法的行为，甚至于危害我们的生命。

➡➡**社会法律问题**

除了伦理道德问题，人工智能在社会生活中还会遇到很多社会问题及法律问题。这些问题错综复杂，比如安全和责任归属问题、社会公平问题及就业问题等。在全面智能时代到来之前，我们有必要重视这些问题，做到未雨绸缪。

自动驾驶车祸的责任归属问题是一个典型的安全和责任归属问题。在未来，自动驾驶汽车可能全面代替了驾驶员的工作，但即使是最精密的机器也有发生事故的可能。如果自动驾驶汽车在行驶过程中发出了事故，我们应该如何判定它的责任呢？如果是驾驶员驾驶汽车出现事故，只需要按照交通条例来处罚肇事者，不论是吊销驾驶证还是判处有期徒刑，都由肇事者来承担他的责任。而自动驾驶汽车怎么去承担它犯错的责任呢？不论是销毁这个自动驾驶汽车，还是禁止行驶，显然都难以服众。

人工智能的飞速发展也可能引发社会公平问题。未来，随着人工智能技术的飞速发展，我们将迎来许多创新和突破。这些技术的进步不仅能够极大提高生产率，还能为个人带来生理机能上的增强。但技术的发展也可能带来新的挑战。首先，掌握先进智能技术的公司可能会因此获得更多的社会资源和影响力，这在一定程度上可能会加剧社会资源分配的不平等。其次，随着智能化机械的普及，拥有智能化机械的人在生理机能上获得优势，这可能会在没有相应机械增强的人群中造成一种新的不平等。此外，在人工智能的训练和设计过程中，设计者的偏见和歧视有可能被嵌入机器算法中，导致人工智能在执行任务时也表现出相应的歧视行为。这些问题提示我们，在享受技术带来的便利和进步的同时，也需要关注技术发展可能带来的社会问题，并采取措施来预防和解决这些问题。试着想一下，餐馆的人工智能系统选择优先招待某一种族或者某一国家的公民，这种行为无疑是不平等的。怎么去避免不平等现象的出现也是我们当下需要研究的课题。

说起人工智能带来的威胁，当前备受人们关注的是就业问题。人工智能的发展必定会代替一部分人的工作岗位。比如，外卖员是一个很大的劳动群体，他们穿梭在城市的各个角落送外卖，如若有像无人机一样的机器代替他们送外卖，那么这些工作岗位可能会受到影响，现有的外卖员该何去何从？

总之，人工智能的发展势必会带给我们全新的挑战。我们必须关注到这些问题，对伦理问题及社会法律问题

的研究甚至要先于对新技术发展的研究只有做到未雨绸缪，才能发展出人们理想的人工智能。

▶▶拥抱智能时代

人工智能的运用给社会既带来了积极影响，也带来了消极影响。爱因斯坦曾说过："科学是一个强有力的工具，怎样用它，究竟是给人类带来幸福还是带来灾难，全取决于人类自己，而不取决于工具。"要促进人类与人工智能的和谐发展，就必须合理应对人工智能在伦理、法律、就业等方面带来的挑战。上到国家政府部门，下到我们每个人，共同发力，提高人工智能创造的福祉，降低可能的风险。

从国家层面来看，人工智能领域已经成为各国竞争的新领域，联合国秘书长安东尼奥·古特雷斯在 2023 年 7 月 19 日曾呼吁各国应管控人工智能带来的风险。在竞争发展的同时，各国都尝试制定了一些人工智能发展规划，从国家层面对人工智能的发展进行布局。2016 年，美国出台了《国家人工智能研究和发展战略计划》，并在 2019 年、2023 年对战略计划进行了更新。欧盟、英国、日本等紧随其后，并制定了相应的战略规划。我国作为人工智能产业大国，核心产业规模超过了 4 000 亿元，企业数量超过 3 000 家。2017 年，我国审时度势，在国务院发布的《新一代人工智能发展规划》中提出：到 2025 年，初步建立人工智能法律法规、伦理规范和政策体系，形成"人工智能安全评估和管控能力"。这一举措为我国进一步发展人工智能指明了方向。目前各个国家都在抓住竞争机会的同时加强合作，共同规划发展人工智能的蓝图，推动人工智能朝着更加积极的方向发展。

从社会方面来看，人工智能是引领新一轮产业变革、科技革命、社会变革的战略性技术，对经济发展、社会进步等方面产生了深远的影响。科研工作者要直面人工智能带来的挑战，加强对人工智能前沿科技的研究，抓住发展的机遇。同时，更要守住伦理法制的"红线"。在人工智能的发展过程中，社会需要对技术的应用进行广泛的讨论和反馈，确保技术的发展能够满足社会的需求，并且得到公众的普遍接受。此外，社会还应通过教育和公共宣传，提高人们对人工智能的认识，促进技术的普及和应用。

从个人层面来看，人工智能的发展是科学技术的发展与满足人类社会需要共同作用的结果。作为普通人，我们要顺应时代的发展，努力探索新时代背景下新的发展方式，学习先进的人工智能技术，提高自身的创造力。

同时，我们要认清时代背景，在兴趣的引导下，选择人工智能难以胜任的工作。只有这样，我们才能成功应对人工智能发展带来的冲击，让个人发展与时代发展同频共振，创造人机和谐的社会。

　　沧海桑田，人工智能已经伴随人类走过漫长的岁月。展望未来，人工智能必将继续蓬勃发展，深刻改变我们的社会和生活。亲爱的读者，让我们一起积极拥抱变化，努力提升自我，来迎接更美好的未来！

参考文献

[1]　莫宏伟. 人工智能导论[M]. 北京：人民邮电出版社，2020.

[2]　集智俱乐部. 科学的极致：漫谈人工智能[M]. 北京：人民邮电出版社，2015.

[3]　泰格马克. 生命 3.0[M]. 杭州：浙江教育出版社，2018.

[4]　王万良. 人工智能导论[M]. 5 版. 北京：高等教育出版社，2020.

[5]　尼克. 人工智能简史[M]. 2 版. 北京：人民邮电出版社，2021.

[6]　鲍米克. 实感交互：人工智能下的人机交互技术[M]. 北京：机械工业出版社，2018.

[7]　赵克玲，瞿新吉，任燕. 人工智能概论[M]. 北京：

清华大学出版社,2020.

［8］ 量子学派@ChatGPT. 硅基物语. AI 大爆炸［M］.
北京:北京大学出版社,2023.

［9］ 姚期智. 人工智能［M］. 北京:清华大学出版
社,2022.

［10］ 廉师友. 人工智能导论［M］.北京:清华大学出版
社,2020.

［11］ 罗素,诺维格. 人工智能:现代方法［M］. 4 版.张
博雅,陈坤,田超,等,译. 北京:人民邮电出版
社,2022.

［12］ 肖仰华,徐波,林欣,等. 知识图谱:概念与技术
［M］.北京:电子工业出版社,2019.

［13］ 朱夫斯凯,马丁. 自然语言处理综论［M］. 2 版.冯
志伟,孙乐,译.北京:电子工业出版社,2018.

［14］ 王昊奋,漆桂林,陈华钧. 知识图谱:方法、实践与
应用［M］.北京:电子工业出版社,2019.

［15］ 鲍军鹏,张选平. 人工智能导论［M］. 2 版. 北京:
机械工业出版社,2020.

［16］ 周越. 人工智能基础与进阶［M］. 2 版. 上海:上
海交通大学出版社,2022.

［17］ 吴军. 智能时代［M］. 北京:中信出版社,2020.

[18] 斯加鲁菲. 智能的本质——人工智能与机器人领域的 64 个大问题[M]. 任莉, 张建宁, 译. 北京：人民邮电出版社, 2017.

[19] 南京大学人工智能学院. 南京大学人工智能本科专业教育培养体系[M]. 2 版. 北京：机械工业出版社, 2023.

[20] 国务院. 国务院关于印发新一代人工智能发展规划的通知[EB/OL]. （2017-07-20）[2024-05-15] https://www. gov. cn/zhengce/content/2017-07/20/content_5211996. htm.

[21] 中华人民共和国教育部. 教育部关于印发《高等学校人工智能创新行动计划》的通知[EB/OL]. （2018-04-03）[2024-05-15] http://www. moe. gov. cn/srcsite/A16/s7062/201804/t20180410 _ 332722. html.

[22] 任社宣. 人工智能工程技术人员就业景气现状分析报告[J]. 中国人力资源社会保障, 2022(02)：31-33.

"走进大学"丛书书目

| 什么是材料？ | 赵　杰 | 大连理工大学材料科学与工程学院教授 |

什么是金属材料工程？

	王　清	大连理工大学材料科学与工程学院教授
	李佳艳	大连理工大学材料科学与工程学院副教授
	董红刚	大连理工大学材料科学与工程学院党委书记、教授（主审）
	陈国清	大连理工大学材料科学与工程学院副院长、教授（主审）

什么是功能材料？

	李晓娜	大连理工大学材料科学与工程学院教授
	董红刚	大连理工大学材料科学与工程学院党委书记、教授（主审）
	陈国清	大连理工大学材料科学与工程学院副院长、教授（主审）

什么是自动化？	王　伟	大连理工大学控制科学与工程学院教授
		国家杰出青年科学基金获得者（主审）
	王宏伟	大连理工大学控制科学与工程学院教授
	王　东	大连理工大学控制科学与工程学院教授
	夏　浩	大连理工大学控制科学与工程学院院长、教授
什么是计算机？	嵩　天	北京理工大学网络空间安全学院副院长、教授
什么是人工智能？	江　贺	大连理工大学人工智能大连研究院院长、教授
		国家优秀青年科学基金获得者
	任志磊	大连理工大学软件学院教授

什么是土木工程？

	李宏男	大连理工大学土木工程学院教授
		国家杰出青年科学基金获得者
什么是水利？	张　弛	大连理工大学建设工程学部部长、教授
		国家杰出青年科学基金获得者

什么是化学工程？

	贺高红	大连理工大学化工学院教授
		国家杰出青年科学基金获得者
	李祥村	大连理工大学化工学院副教授
什么是矿业？	万志军	中国矿业大学矿业工程学院副院长、教授
		入选教育部"新世纪优秀人才支持计划"
什么是纺织？	伏广伟	中国纺织工程学会理事长（作序）
	郑来久	大连工业大学纺织与材料工程学院二级教授

什么是轻工？　　石　碧　中国工程院院士

四川大学轻纺与食品学院教授（作序）

平清伟　大连工业大学轻工与化学工程学院教授

什么是海洋工程？

柳淑学　大连理工大学水利工程学院研究员

入选教育部"新世纪优秀人才支持计划"

李金宣　大连理工大学水利工程学院副教授

什么是海洋科学？

管长龙　中国海洋大学海洋与大气学院名誉院长、教授

什么是航空航天？

万志强　北京航空航天大学航空科学与工程学院副院长、教授

杨　超　北京航空航天大学航空科学与工程学院教授

入选教育部"新世纪优秀人才支持计划"

什么是生物医学工程？

万遂人　东南大学生物科学与医学工程学院教授

中国生物医学工程学会副理事长（作序）

邱天爽　大连理工大学生物医学工程学院教授

刘　蓉　大连理工大学生物医学工程学院副教授

齐莉萍　大连理工大学生物医学工程学院副教授

什么是食品科学与工程？

朱蓓薇　中国工程院院士

大连工业大学食品学院教授

什么是建筑？　　齐　康　中国科学院院士

东南大学建筑研究所所长、教授（作序）

唐　建　大连理工大学建筑与艺术学院院长、教授

什么是生物工程？贾凌云　大连理工大学生物工程学院院长、教授

入选教育部"新世纪优秀人才支持计划"

袁文杰　大连理工大学生物工程学院副院长、副教授

什么是物流管理与工程？

刘志学　华中科技大学管理学院二级教授、博士生导师

刘伟华　天津大学运营与供应链管理系主任、讲席教授、博士生导师

国家级青年人才计划入选者

什么是哲学？	林德宏	南京大学哲学系教授
		南京大学人文社会科学荣誉资深教授
	刘 鹏	南京大学哲学系副主任、副教授
什么是经济学？	原毅军	大连理工大学经济管理学院教授
什么是经济与贸易？		
	黄卫平	中国人民大学经济学院原院长
		中国人民大学教授（主审）
	黄 剑	中国人民大学经济学博士暨世界经济研究中心研究员
什么是社会学？	张建明	中国人民大学党委原常务副书记、教授（作序）
	陈劲松	中国人民大学社会与人口学院教授
	仲婧然	中国人民大学社会与人口学院博士研究生
	陈含章	中国人民大学社会与人口学院硕士研究生
什么是民族学？	南文渊	大连民族大学东北少数民族研究院教授
什么是公安学？	靳高风	中国人民公安大学犯罪学学院院长、教授
	李姝音	中国人民公安大学犯罪学学院副教授
什么是法学？	陈柏峰	中南财经政法大学法学院院长、教授
		第九届"全国杰出青年法学家"
什么是教育学？	孙阳春	大连理工大学高等教育研究院教授
	林 杰	大连理工大学高等教育研究院副教授
什么是小学教育？	刘 慧	首都师范大学初等教育学院教授
什么是体育学？	于素梅	中国教育科学研究院体育美育教育研究所副所长、研究员
	王昌友	怀化学院体育与健康学院副教授
什么是心理学？	李 焰	清华大学学生心理发展指导中心主任、教授（主审）
	于 晶	辽宁师范大学教育学院教授
什么是中国语言文学？		
	赵小琪	广东培正学院人文学院特聘教授
		武汉大学文学院教授
	谭元亨	华南理工大学新闻与传播学院二级教授
什么是新闻传播学？		
	陈力丹	四川大学讲席教授
		中国人民大学荣誉一级教授
	陈俊妮	中央民族大学新闻与传播学院副教授
什么是历史学？	张耕华	华东师范大学历史学系教授

什么是林学？	张凌云	北京林业大学林学院教授
	张新娜	北京林业大学林学院副教授
什么是动物医学？	陈启军	沈阳农业大学校长、教授
		国家杰出青年科学基金获得者
		"新世纪百千万人才工程"国家级人选
	高维凡	曾任沈阳农业大学动物科学与医学学院副教授
	吴长德	沈阳农业大学动物科学与医学学院教授
	姜 宁	沈阳农业大学动物科学与医学学院教授
什么是农学？	陈温福	中国工程院院士
		沈阳农业大学农学院教授（主审）
	于海秋	沈阳农业大学农学院院长、教授
	周宇飞	沈阳农业大学农学院副教授
	徐正进	沈阳农业大学农学院教授
什么是植物生产？		
	李天来	中国工程院院士
		沈阳农业大学园艺学院教授
什么是医学？	任守双	哈尔滨医科大学马克思主义学院教授
什么是中医学？	贾春华	北京中医药大学中医学院教授
	李 湛	北京中医药大学岐黄国医班（九年制）博士研究生
什么是公共卫生与预防医学？		
	刘剑君	中国疾病预防控制中心副主任、研究生院执行院长
	刘 珏	北京大学公共卫生学院研究员
	么鸿雁	中国疾病预防控制中心研究员
	张 晖	全国科学技术名词审定委员会事务中心副主任
什么是药学？	尤启冬	中国药科大学药学院教授
	郭小可	中国药科大学药学院副教授
什么是护理学？	姜安丽	海军军医大学护理学院教授
	周兰姝	海军军医大学护理学院教授
	刘 霖	海军军医大学护理学院副教授
什么是管理学？	齐丽云	大连理工大学经济管理学院副教授
	汪克夷	大连理工大学经济管理学院教授
什么是图书情报与档案管理？		
	李 刚	南京大学信息管理学院教授
什么是电子商务？	李 琪	西安交通大学经济与金融学院二级教授
	彭丽芳	厦门大学管理学院教授

什么是工业工程？ 郑　力　清华大学副校长、教授（作序）

　　　　　　　周德群　南京航空航天大学经济与管理学院院长、二级教授

　　　　　　　欧阳林寒南京航空航天大学经济与管理学院研究员

什么是艺术学？ 梁　玖　北京师范大学艺术与传媒学院教授

什么是戏剧与影视学？

　　　　　　　梁振华　北京师范大学文学院教授、影视编剧、制片人

什么是设计学？ 李砚祖　清华大学美术学院教授

　　　　　　　朱怡芳　中国艺术研究院副研究员